不完整的家

在破碎爱情里
找回完整的自己

胡可歆 —— 著

北京联合出版公司
Beijing United Publishing Co.,Ltd.

图书在版编目（CIP）数据

不完整的家 / 胡可歆著. —北京 : 北京联合出版公司, 2017. 4

ISBN 978-7-5502-9183-6

Ⅰ. ①不… Ⅱ. ①胡… Ⅲ. ①情感—通俗读物 Ⅳ. ①B842.6-49

中国版本图书馆CIP数据核字(2016)第281593号

版权局著作权合同登记：图字01-2015-8243号

本书通过四川一览文化传播广告有限公司代理，

经台湾木马文化股份有限公司授权出版中文简体字版本。

不完整的家

选题策划：北京博雅广华文化传媒有限公司

策划编辑：谢安洁

责任编辑：夏应鹏

特约编辑：李淼淼

封面设计：零创意文化

北京联合出版公司出版

（北京市西城区德外大街 83 号楼 9 层　100088）

北京晨旭印刷厂印刷　　新华书店经销

字数 171 千字　　880 毫米 × 1230 毫米　　1 / 32　　8 印张

2017 年 4 月第 1 版　　2017 年 4 月第 1 次印刷

ISBN 978-7-5502-9183-6

定价：38.00 元

目录

Contents

06 / 顾全与保护孩子

推荐序 Preface

灵魂深处的觉醒

犹记初识可歆是在 2010 年 8 月，我们一起担任第四届亚洲健康心理学国际研讨会司仪的工作，从咖啡馆里认真的讨论与准备，到五天会议中美丽优雅的表现，我看到她的温柔细腻与勇敢担当。空当中，两人坐在后台阶梯上悄声聊起生命的转变与书写的意念，看到她眼中闪耀的光芒，我心中默默为她祝福，也欣然接受为本书写序的邀请。好巧，三年后，正当我在韩国大田参加第五届亚洲健康心理学国际学术研讨会之际，得知这本我一直在期待的书即将诞生。

本书一开始就从语言对人的思考、价值观的影响力下笔，剖析语言的使用如何框定了我们思考的格局。可歆用深入浅出的语言，把认知行为治疗的概念融于其中，帮助我们看到思考的力量如何影响我们的情绪与行为，带领我们打破既有的框架与困惑，得以用更宽广的视野来反思所谓的离婚、失婚和单亲等问题。接着，她进一步将心理学知识、实证研究、身心灵哲思、文学艺术美感与自身经验等巧妙地结合，一步步引导我们探索、剖析、看见自己与处境的原貌，进而连接自身的资源与能量，采取适当的行动，回应生命的挑战。

很感谢可歆把她生命历程的转化、灵魂深处的觉醒，以理性、感性、灵性交织的文字与我们分享，这本书所呈现的不只是一位从婚姻回归独身者的生命故事，还勾绘出女性如何在生命幽微处，张开双手，拥抱自己，进而优雅转身，开启另一扇窗，迎向广阔的蓝天。

这是我一直在等待的一本书。我也一直在等待为可歆写序的机会，如今我的心愿达成了，满心欢喜邀请你与我一起见证她的心灵之旅。深深祝福你，可歆！

台北市立大学心理与咨商学系教授兼教育学院院长

赵家琛 博士

前言 Foreword　疗愈，一场独一无二的旅程

无论我会成为什么样子，都远比我现在可以想象的还要好。

——乔·维泰利

乔·维泰利（Joe Vitale），世界著名灵性营销导师，在他的畅销著作《零极限》里，曾经提到他自己的觉知与开悟历程。这样的觉醒有三个阶段，他认为几乎就是生命灵性之旅的地图。

第一个阶段，所谓的“受害者阶段”。

他是这样形容的：“几乎所有人生来就有无力感，大多数人会一直维持这样的状态。我们认为这世界就是要剥削、压迫我们：政府、邻居、社会，还有各式各样的坏人。我们觉得自己是整个社会种下的因所结成的果，没有任何影响力。我们抱怨、控诉、抗议，还聚集成团体，与掌权的人抗争。除了偶尔和朋友聚一聚，生活基本上糟透了。”

前来寻求心理治疗的个案，有极大部分人都处于这个状态，认为自己为某些事件的受害者，他人的行为或话语造成自己的不幸与苦难，而自己除了产生强烈的负面情绪及反应，无力扭转与控制。许多人因而承受着极大的忧郁、怨恨及痛苦。

第二个阶段，个体开始拿回掌控权。

他开始意识到，无论在怎样的事件与对待当中，自己永远能够选择。粗浅地说，在一段不断受伤的关系里，你可以选择“留下”或“离去”。许多人忽略自己其实能够选择“结束”一段已不再充满爱及自由交流的关系，更没有看到，自己其实是在“独立承担经济”与“回避此问题”之间做了选择，于是留下；抑或是在“学习独处”与“回避孤单”之间做了选择，于是留下；也可能是在“依靠自己建立价值”与“倚赖他人给予价值及认同”之间做了选择，于是留下。看似无可奈何的“留下”以及无助和痛苦的不断衍生，都是自身选择的结果。每个状态其实都充满了自己的选择。

而这也是目前许多心理治疗在做的事。协助个体看到潜藏在每个状态之中的选择性，同时意识到自己可以不受外在事件影响，通过意念与认知的调整，以及其他重要方式，学会控制自己的情绪，重新拿回对生命与生活的掌控。

“……你开始发现自己的力量。你领悟到设定意念的力量，也领悟到你拥有可以看到你想要的东西，采取行动，然后获得这样东西的力量。你开始有一些神奇的经历，开始体验到一些令人开心的成果。基本上，生活开始变得还不错。”

第三个阶段，你开始觉醒。

“在第二阶段之后，某一天，你开始领悟到意念是一种限制。

你开始了解，即使用上你新发现的所有能力，依然无法控制一切。你开始领悟到，当你臣服于某种更大的力量时，奇迹就会发生，于是你开始放下，开始信任。你开始练习在每个当下觉察你与神性的连接；你开始学会认出朝你而来的灵感，然后采取行动。你领悟到你能选择你的生命[①]，而非控制你的生命；你领悟到你所能做的最棒的事，就是接受每个当下。在这个阶段会发生许多奇迹，而且它们会不断令你感到惊叹。基本上，你时时刻刻生活在一种惊喜、赞叹和感恩的状态中。”

还有比这更棒的礼物吗？整个“创伤”的历程，要走到“宽恕”，我个人经常会觉得与灵性及高我（或者说神性自我）的觉醒有很大的关联。那是一种更广袤浩瀚且深刻的宁静，是“回家”的旅程。

创伤的疗愈，就像一场英雄之旅。而每个人都有自己独一无二的旅程，无法比较也无须比较。

而我的这本书，就从这里开始。

①在伊贺列卡拉·修·蓝博士（Ihaleakala Hew Len PhD.）的荷欧波诺波诺疗法（Ho’oponopono）里，人只有一种选择，选择清理或不清理这件事，即人的自由意志仅能选择“自由地不要”。而我个人觉得，零极限的状态，与佛教哲学的“空性”有很大相似性，是万物潜能开展的地方；我爱你即是慈悲，荷欧波诺波诺重复念诵的“我爱你”，即是帮助人们调整到那个状态的频率。我浅薄地认为，许多宗教与灵性教导，包括佛学、基督教、夏威夷的荷欧波诺波诺疗法，与近几年广为流行的《秘密》、吸引力法则及宇宙法则等，其实描述的都是极为类似的概念与力量。

01

完整家庭的困惑

梵文“健康”的意思是“成为自己”，归于中心。英文的“健康”（health）这个词也很美，它跟“神圣的”（holy）和“完整的”（whole）这两个词来自同样的词根。当你是完整的，你就是健康的；当你是完整的，你也是神圣的。

——奥修 《瑜伽之书》

一个人即是圆满

语汇是思考展现的平台。每一天，你所使用的文字与语言，对你生命的影响之深远，其实是超乎你想象的。

我经常会看到，日常使用的言语，以及这些言语背后所透露出来的意识形态与信念，常常是决定当事人能否适应婚姻风暴，甚至走出某种格局并有所超越的关键因素。

这个时代，越来越多的人认识到“语言”的力量。富勒博士更明确指出：“词汇，是人类发明的最强而有力的工具之一。”特别是你独自一人时自言自语的用语及内涵，抑或你与三两好友闲谈中最不经意的那些话。你需要给自己一定的时间，仔细去思考与审视这些用语。

这些语汇背后，透露的是你深藏的价值观，一些未经审视的、并非人云亦云的、自小耳濡目染的，甚至可能连你自己全然未觉察的信念。而这些未经审视与验证的信念，始终在影响着你的感受、你的心情、你对自己与他人的观感、你的生活与整个生命。

简单举个例子，你会很讶异地发现，这么平凡寻常的话语里，隐藏了多么厚重的意识形态与主流思维。

以婚姻状态来说，“结”婚与“离”婚，暗示着这是个倾向于以“婚姻”为主体的思维。为什么两个人从独身，到决定在一起，再到决定恢复独身，要叫作“离婚”，而不叫作“回归独身”或“脱离依赖”呢?

“单”身的“单”，其实也暗暗指涉某种不圆满。我们的文化通常崇尚“成双成对”，“单”是相对于“双”而延伸的概念。因而一直以来，我都很不喜欢对结束一段婚姻状况的常用称呼——“离婚”“失婚”，有子女的则是“单亲”（单亲家庭、单亲妈妈、单亲爸爸）。无论是“离”“失”或“单”，其实都透露了你将这样的状态预设为“不圆满”，甚至是“不可能圆满”。似乎背后即影射着，成“双”成“对”才是对的，落了“单”就是有了缺陷，就是缺憾，就是不幸。

“离”婚（离开了婚姻）与“失”婚（失去了婚姻）的用语，预设了“婚姻”是主体，而且这样的预设是无须被讨论的前提，而这也是主流意识形态里最可怕的地方。你一旦“离开”了婚姻，“失去”了婚姻，也就不再是主体，从此成了非正常、边缘／异端，以及不被渴求、赞扬甚至缺乏认同的少数。只有在“婚姻”状态里，才是正常的。每一个社会个体都得回到“婚姻”这个源头，只要“离开”这个源头，便以“离”“失”视之。

事实上，“一个人”才是根本，是必须回归的中心；关系则是不断流变的，每一段关系都有其尽头。关系当然重要，然而所有的关系最终都要回到自己与自己的关系里。生而为人，从出生到死亡，都要用自己的身体与独特的人格去感受、去体验、去做出决定与执行。个体即本源。即便在较外围的社会组织层次里，趋势大师约翰·奈斯比特（John Naisbitt）也这么表示：“社会的基本单位，是个体，而非家庭。”

一个人即是圆满。一是复数，更是整体。一是宇宙的源头，是“空”性，是“零极限”的所在。婚姻其实是外在、社会建构的事物；“离婚”较中性的说法，或许是“结束”了婚姻，恢复一个人的状态。

关于离婚的常见困惑

许多人在遭逢外遇与结束婚姻的过程中受苦，一部分与普遍存在的困惑以及自我设限的信念有关，我们称作“限制性信念”（self-limiting beliefs）。首先来看看外遇与结束婚姻当中常见的6个困惑。

困惑一：离婚了，便无法再给孩子一个完整的家

人们经常没有想太多便认定单亲家庭是“破碎的”家庭。而当事人，即便有些婚姻关系已结束多年，仍旧为此深感歉疚、耿耿于怀，在会谈室里声泪俱下地告诉我，她是多么多么地抱歉，再也无法给孩子一个完整的家了。更甚者，她自己好像就是残破不全的。亲爱的，不要落入那种社会建构的“完整”困惑里。即便是单身的父亲或母亲，也绝对能够为自己与孩子建造一个完整且健康的家。

哈佛大学心理系教授埃伦·兰格（Ellen J. Langer）曾做过一项非常简单却饶富意义的研究。这项研究显示了人们在与世界及他人互动时，有多么地不用心，只要所听闻的信息符合既有的信念或根深蒂固的行为模式，即便是荒谬的信息，人们也不大会质疑。

这个实验的设计是，兰格教授与学生们去询问排队等待使用复印机的人，自己是否可以插队使用。实验者采取三种不同的问句方式：“可不可以让我用一下复印机？”“我想复印，可不可以让我用一下复印机？”“我在赶时间，可不可以让我用一下复印机？”

第一种问句方式并未说明想先行使用复印机的原因，仅是提出要求；后面两种问句，则分别提供了不同的理由。如同研究者所预期的，提供了理由的两种问句，相较于未说明原因的第一种，皆获得了较多的同意次数。然而有趣的是，这两个提供理由的问句，所获得的同意次数竟然相差不多。实际上，这两个理由有合理与不合理的区别，“我想复印”本身并不是一个插队的好理由，“我在赶时间”相较之下比较合理，然而后者却未能让更多人同意研究者的

插队。

研究者的结论是，人会在不知不觉中同意“我想复印”这个要求，是因为它要求插队的语言结构是正确的，即便内容并不合理。换句话说，只要提供理由，无论这个理由有多么荒谬，只要把它安插在看似合理的“形式”或“结构”当中，人们便不大会质疑。形式是正确的，人们很自然地推测内容也应该是正确的。

这个研究部分说明了当前社会有关“完整家庭”困惑的产生。

1. 解构与重构“完整”：单亲家庭 / 失功能家庭。

我们所谓“完整的家”，通常是一种最外围的形式。孩子有爸爸，有妈妈，且爸爸妈妈仍在婚姻状态里。许多人未曾深思就认定，当家庭的结构看似健全时，它的实质内涵也会是健全的；反之，当家庭结构看似破碎时，它的内涵必定也是不充分的。

实际上，这完全是两回事。

健全或完整的家庭，至少可以粗分为两个层面：一种是“结构上的完整”，另外一种则是影响更为深远的“功能上的完整”。

“结构上的完整”，基本上不同的时代与社会形态可能有不同的界定。当前主流意识形态认为，结构完整意指“（异性恋的）男人、女人与孩子们共同组成一个家庭，同时男与女的婚姻关系在法律上仍存续，无论其实际质量如何”。

“功能上的完整”，简单地说，则是指“具备家庭的功能，提供给家人，特别是孩子，充分的滋养与照顾”，即这个“家”提供了安全感、庇护与放松、关怀、支持、信赖、爱与滋养等重要功能，具体来说，至少包含了经济的稳定、情绪的平和愉悦、真诚信赖，以及能够以“最有助于孩子身心灵健康发展”的方式来养育孩子。

结构的完整，并不等同于功能的完整。一个父母双方具有婚姻关系的家庭，并不表示这个家庭能够充分且恰当地发挥它的功能。事实上，在许多现存的婚姻里，反而是这种“对表面完整的执着”背后的心理动力与某部分信念的扭曲，带来了更多埋藏在未来的深远问题。

而功能的完整，也并非一定得有结构的完整（遑论这个结构的完整是被限制在异性恋关系以及以爱情和性为结合依据的关系形态里）。就像一个四肢健全的人，未必拥有健康的心理与成熟的人格，抑或充分发展的灵性一样，一个肢体有障碍的人，未必没有健全的人格、心态与厚实的信仰。四肢完不完整，与心理健不健全，没有太大的对应关系。《人生不设限》的作者力克·胡哲（Nick Vujicic），绝对是最好的例子之一，他的故事与演说，持续地感动和激励着许多人。

这种家庭“结构”与“功能”不再同步，部分也受益于社会的转变。传统婚姻中许多重要却仅能在婚姻里被满足的功能，已逐渐能够被婚姻以外的其他方式取代。例如婚姻的经济功能，在女性能够进入职场取得薪资的同时，便开始有了松动。当前知识经济时代独力抚养孩子的家庭，确实比过往具备更多的优势与机会。现代家庭的形式也逐渐趋向多元，“家”的定义不断地被挑战、颠覆与拓展。

就以单亲教养——孩子在成长的过程中，缺乏与另一性父母的互动机会及其学习典范而言，在孩子成长的某些特定阶段，主动去寻觅，为孩子建立良好健康的“男性典范”或“女性典范”，以及家长本身若能采取“双性教养”的做法，都能有相当好的效果。不可否认，这些概念与做法得以转换，确实受益于社会形态的转变与多元性的扩展。

因而，关键不在于“破碎家庭”，而在于“破碎个体”，即不是家庭破碎导致孩子的身心发展受阻，而是“主要照顾者个人完不完整”的问题。

如何才能建立一个“完整的家”？得先由成为一个“完整的人”做起。不是往外寻求，再找一个异性或同性伴侣，或再寻觅一个接替的“父亲”或“母亲”人选，实际上，那会衍生出更错综复杂的关系上的挑战，往往需要个体更高的成熟度、真正的疗愈与内在的智慧才能妥善处理。要成为一个“完整的人”，必须往内走，感受所有被你排拒或深切恐惧着的黑暗，感受那些痛苦、怨恨、困惑、恐惧与很深的哀伤，挑战并超越你既促成这段关系的开启多半也导致其结束的那些问题。你得先走向疗愈，继而走向圆满。我们每一个人都是一个微型而俱全的小宇宙，一个人就能够完整；而且，为了照顾好孩子与协助孩子疗愈，你也必须走向完整。

总而言之，“单亲家庭”并不等同于“失功能家庭”，“双亲家庭”也并不等同于“功能健全的家庭”。在这其中，主要照顾者“个体本身完整健全的程度”以及“对发展教养的认识与对孩子付出的意愿及用心”，才是最根本且最关键的因素。

2. 单亲家庭既然会成为单亲，自有其重要的理由。

以下是一个很值得思考的问题：“这些家庭，若不离婚而选择继续留在婚姻里，是否真的会比现状要好？”

自然，某些婚姻的结束，是双方的不成熟或不愿负责使然。然而，已结束的婚姻里，仍有一定比例是深思熟虑过后的选择，根植于“爱”及“愿意负责”，包括承认与面对最初选择的错误，并承担起做这个选择所有相关的后果，例如对孩子的悉心照料与适当的协助，抑或已尽了全力去经营这段婚姻，最终却只是单方的努力与单方对承诺的遵循。那么，接受这段关系已走到尽头，会比持续地抗拒更为合宜且健康。选择结束也可能是承诺并致力于给孩子更健全的环境，同时创造“长远看来对彼此更有帮助”的多赢局面，尽管须承受相当时期的阵痛与疗愈工作。

许多有关“后离婚家庭”与离婚之子的追踪/比较研究里，都有所谓“研究者偏误”的问题，即带着某些未被研究者觉察的默认立场与价值判断标准收集和解读研究资料。例如未经讨论，便预设“婚姻存续”是正常家庭，“婚姻结束”则是问题家庭，并致力于去寻找“后者表现不如前者”的指标，后者某些表现若较佳则会被质疑地看待或得额外去解释。抑或根本是以前者的状态为“标准值”，去审视后者哪里未能与其相同，未能“复制”一个前者。另外，这些研究多半也会预设关系“持续”要比“分开”为佳，因而“持续”本身有时就被当作一则“好的”判断标准，而非客观看待“持续”与“结束”这两种状态。因而在阅读这些研究资料时，仍须留意有关先验假设与价值判断标准的设定。然而不可否认的是，许多研究的努力与观察仍是极有价值的，可供运用，特别当研究者与政策制定者致力于“以孩子的福祉为优先考虑”时，其重要性是毋庸置疑的。

某些家庭选择单亲，是为了更好的关系与更高质量的生命。对婚姻与伴侣的执着不愿放手，未必会比适时放下更为健康。现行的婚姻制度，也是一种把“爱情”“经济供给”“性关系与性忠诚”“生育与养育孩子”等诸多事物捆绑在一起的制度，某些时候一定程度的松绑反倒更可能创造出“空间”与“多赢”的局面。

结束关系，可能是一种对自己的人生与孩子更负责的态度和做法。

困惑二：我到底缺了什么

这是个非常常见的困惑：伴侣外遇，是因为我没有满足他。我不够好，我有些地方疏忽或做错了，我这个人缺少了什么。

这些想法背后隐藏了某些假设。首先，可能假定了“婚姻／亲密关系能够满足个体的所有需求”；其次，外遇者会往外寻求，是由于某些“理应在婚姻中获得满足”的需求未能获得满足所致；再次，外遇者的这份需要，是“伴侣”必须去满足的。

期待“婚姻／亲密关系能够满足个体的所有需求”，原本就是不切实际的。持有这种想法的人，会替自身与伴侣创造许多额外的痛苦，也像是在为这段婚姻挖掘坟墓。一方面，人类有太多不同层面的需求，怎么可能单靠一段关系或一个不是自己的对象而被满足？即便是生身父母，都无法这样完美。另一方面，人的需求会随着时间、生命进程的发展而发生变化，某些旧的需求消退或变得不再重要，某些固有的需要却在特定时刻变得迫切且强大，而另一些新的需求则在新的时刻相应而生，另外一个个体又怎么能实时辨识、觉察，继而又总能具备满足这些需求的能力？

学习满足自身的需求，特别是那些无法通过“此段婚姻”被满足的部分，是每一个个体自身的责任。而每一段关系能够满足的层面也大相径庭。美国婚姻与家庭治疗师大卫·里秋（David Richo）便认为：“一段健康的亲密关系基本上仅能满足个人 1/4 的需求。”（在本书第五章“三种不同意识层次的爱”里，你更会看到，在高意识层次的关系里，个人的重要需求基本上都是能够“以健康的方式”被“自己”满足的。）

那么，“外遇”算是一种合宜的自我满足吗？倒也不尽然。关键是，婚姻未能满足的需求，个人要学习通过“不背弃他人”的方式去完成；这个“他人”，特别指的是全然无辜的孩子、配偶，有时也囊括第三者，甚至外遇者自身。许多情况下，“在婚姻之外另外发展一段恋情或性关系”，其实是深刻违背自己过往许下的承诺，是对自己认定关系的背弃，是对自己的背叛。

请记得，满足某个需求的方式，永远不会只有一种。既然你已先行选择了这段婚姻与这个人，那么合宜的做法就会有些不同了。学习以健康、不伤害到他人的方式满足自己，是每一个个体的责任。

外遇也不一定和“婚姻质量的好坏”有因果上的关联。“一定是夫妻感情出了问题，才会发生外遇？”曾有一些研究指出，一定比例的外遇男性和女性（将近 50% 的男性和 30% 的女性）在研究中坦言，他们发生外遇时婚姻状况其实是相当美满的。换句话说，在某些时候，外遇行为与“个体”的关联性，可能会比和“婚姻满意度”的关联度更高。

困惑三：外遇是人类的天性

劈腿是天性？若我将“天性”粗略地界定为“不需额外学习，是物种与生俱来的”，那么，“赤身裸体，不穿衣服”其实也是人类的天性。20万年前[①]在大草原上跑来跑去的，不都是全裸的人科人属？包括你我所属的智人种。然而此刻正在阅读本书的读者们，即便舒适地躺在自家床上，又有几位是一丝不挂的？

无论男女，遇见性刺激，性器官充血勃起，那确实是自然的生理反应，你可以说是“本能”或“天性”。然而如何纾解这个欲望，是否要进行到与对方“性器官交合”，甚至“情感发展”，基本上在这个历程里会有很多的“选择”[②]。

在绝大多数的状况下，“外遇行为”是个人选择的结果。

更进一步来说，进化心理学者认为，人类的“天性”有两种形式。第一种是普遍可见且人们习以为常的，例如做了某些事情会产生罪恶感、渴望被社会及他人认可等，这是跨文化/人种可见的现象，这

①人类何时开始穿上衣服？佛罗里达大学的戴维·里德（David Reed）教授研究团队从虱子的进化推断，大约是在17万年前。这份研究刊登在2011年1月的《分子生物学和进化》（*Molecular Biology and Evolution*）期刊上。即便时间点不清楚，原始人种不穿衣服也是相对确定的。

②即便是心理病或身心成瘾的情况，例如“性成瘾”的个体，就某些层面而言，也是有选择的。例如，是否为此状态负起疗愈的努力与责任？是否诚实告知伴侣？等等。

些共同点被称作“人类天性的旋钮”。第二种天性，其唯一的作用是在个体成长过程中造成差异，同时它本身会自然而然地退居幕后，不易被觉察，被称为“调节旋钮的机制”，更直白地说，其实就是“学习与调整的能力”。举例来说，人类虽有产生罪恶感的天性，但第二种天性使得罪恶感的产生有了校正调整的空间，而人类成长的早期环境、后天教养、心理治疗等能够发挥效用，多少都与这个第二天性有关。并且无疑是过往“天择”作用的结果，使得这些“旋钮”（若表现出来就叫“特质”了）有了调整的空间。

台大心理系的徐嘉宏教授曾对此做了简洁有力的注解：“动物所做的各色各样的行为，都是为复制与自己相同的基因而努力。这是进化的结果，而且会依相同的原则继续进化下去。……本能行为是依照基因的指令发展出来的；学习能力也是依照基因的指令，留出一些可以调整的空间。”

就这样的角度来看，“学习与调整的能力”何尝不也是一种“天性”？在关系里，仍会受到各式各样的对象吸引，产生交合的欲望，确实是天性；而为了最好地养育后代，使得后代们能够健康成长再把基因传承下去，因而调整某些行为，确实也是天性。

一言以蔽之，学习为了后代和配对关系的最佳利益而保持忠诚，此种学习能力同样也是天性。

困惑四：我太爱他，无法离开他

你说你爱他，无法离开他。

其实，无法离开这个人，那就已经不是“爱”了。一方面，你把“情感依附”与“爱”混为一谈；另一方面，这是你没有生活重心与生命目标的托词。为了回避你存在的空洞与生命的空虚、你对独自生活恐惧与无依，你紧紧依附着这个人不放，以爱为名。

“他是我的一切”“我不能，也不要失去他”“爱他爱到没有自己”，以上这些本质上是“执着”与“利己”，从来都不是爱。通过另外一个人填补空虚、汲取满足与关怀、成就自己，避开了个体学习自我满足，同时创造自身存在意义的责任。

我到后来才意识到，当初会选择前伴侣这个男人，有一部分是因为那个时期，我很想要逃避自己的生命意义与生存责任——与身为男人或女人无关，而是作为一个社会个体，为这个世界或全体人类创造一丁点儿价值、解决一些问题的那种责任。当时我心里的声音是：

> 既然我不知道我活着要的是什么、有什么目标，那么，就跟这个男人结婚吧。至少他有一个清晰的、关于家的目标与图像。既然我不知道自己能做什么，要的又是什么，那么，就协助这个男人完成吧。并且，好轻松，我只要扮演一个好妻子、好媳妇、好母亲的角色就好。我不必做好自己。
>
> ……
>
> 做我自己，实现我自己，似乎意味着我得将自己放在任人审视，被许多企业机构检验是否杰出的处境。那表示，我得有非常艰苦的自我提升的历程，以及煎熬且难堪的被评价的历程，并且不保证一定能获得成功。

当然，现在回头来看，绕了一大圈其实还是得回到原点。终究我还是必须靠自己，解决那些曾让我很想拔腿就跑的问题。

困惑五：忍受他不好的对待是学习成长的机会

有一种在东方文化里常见的现象，许多人不愿离开一段具有破坏性、充满毒素的婚姻，是因为误解了“业力关系”，认为“这是前辈子欠他的，今生就是来还债的”“夫妻就是互相欠债”“忍受他不好的对待是学习成长的机会”“婚姻就是要包容”“这辈子还完了，也许下辈子就不用再还了”等。

这是一种能量上的纠缠，只是无谓地延长双方的痛苦。真正要做的是“放开彼此”，让双方都有机会对自己的问题负责，从而体验到自己就是独立且完整的。你并没有义务要跟对方在一起，对方亦然；你无须为对方负责，他对你其实也没有责任。解决他的问题的方法，不在于你如何做；同样地，解决你的问题的办法，也不在于他如何做。觉得彼此有义务“拯救”或“陪伴”着对方，到头来只是徒然增强了双方各自无力与受害的感觉。

业力完全是个人的事。帕梅拉·克里柏（Pamela Kribbe）提道：“解决业力是你自己的事，另一个人可能会触碰或引发你内在的某种东西，在你们之间创造许多戏剧事件，但是处理自己内在的伤痛仍然是你个人的任务和挑战，跟对方无关。你只对自己有责任。……在紧要关头常常需要你彻底放手，离开那样的关系。……如果你划清界线，为自己站起来，最终会比较有帮助。你的目的就是要完全靠自己去感受到完整与圆满，那是一段美满关系最重要的条件。”

困惑六：离婚会对孩子造成无法弥补的伤害

有些极为关爱孩子的爸妈，无法结束一段扭曲且极具破坏性的关系，是因为担心自己若是离婚，“孩子一定会受到无法弥补的伤害”。

我总觉得，这样的想法或许与当事人本身未曾有过“疗愈”的经验有关。很多人不知道，“创伤”其实是需要被疗愈，也是可以被疗愈的，而单纯“时间的流逝”并不会使伤口自行愈合复原。即便这个人从外在看来已恢复寻常生活，但通常这些未被处理的创痛会被携带进下一段关系里，或在某些层面持续干扰受创者的情绪、身体健康与生命中各式各样的决定。

这些当事人，也许从未有机会或者从不知道有必要接受心理治疗和其他有效的疗愈方式，多半也与内在深层的情绪（通常是被认定为负面的情绪，例如伤心、遗憾、失落、心碎、愤恨等）和真实自我有某种程度的疏离；这些当事人，更可能从未意识到，自己内在便具有强大的疗愈力量，遑论与此力量相连接并主动运用它来协助自己。而当自己不曾有过“真正去感受情绪”与“疗愈创伤”的认识和经验时，自然也无从想象，当无法回避的失落与痛楚发生在孩子身上时，该如何陪伴与协助他转化。

因而，当恐惧着伤害的发生，甚至在必须做出重大决定时，因为欠缺减缓与抚平情绪的能力，所以难以做出真正有益且适宜的选择。原是不欲让孩子经受短期的轻微伤痛，最终却使得他们承受了数十年广泛且深远的伤害。

漫长的人生当中，伤心、失望、痛楚等种种失落寻常且自然，是成长必经的过程，就像新生命诞生前必有的阵痛一般。这些生命中的无可奈何、未能尽如人意、失落与伤心，若能被温柔地对待与处理，将使人们愈发地坚强成熟，从而由内焕发出爱与喜悦。

这并不表示，父或母因此就能够轻率且恣意地伤害孩子或他人；或者在做任何决定时，无须慎重考虑孩子的感受与需要。情绪的产生，无论是伤心痛楚或震惊愤怒，某些时刻都是难以避免的，若仅是为了回避其产生而不去做必须做的事，那么，往往会造成更大的伤害及损失。请你记得，总有一些方式，能够减缓情绪产生的强度与冲击性，另外一些方式，则能够协助抚平这些感受，体验它并疗愈它。

结束婚姻，并不一定会造成“无法弥补”的伤害。其关键在于，你愿意且能够承担起做了这个决定后，后续所须承担的一切。包括在整个过程中，帮助孩子适应与疗伤止痛，主动为自己与孩子寻求支持并安排必要的治疗。这个过程，不仅发生在初离婚时，在离婚前期、离婚当时以及往后数十年里，可能都会有着因此而衍生的不同问题——孩子在每个发展阶段原本就有的不同需求。本书可以是一个实用的起点。

1.“和什么比较呢？”

“离婚会对孩子造成无法弥补的伤害？”也可以从另外一个角度思考，即“和什么比较呢？”。

是与徒具形式、面子重于一切的家庭相比？与死寂冷淡、没有真正亲密互动的关系相较？还是和一个激烈冲突不断、家中始终难以平和的婚姻比较呢？

又或者，与默许／认同暴力存在，孩子时不时目睹亲人或自己受伤，持续经受死亡恐惧的家庭相较？抑或与外遇及谎言层出不穷，小朋友们据此认为“欺骗是关系的常态”，“人无法忠于一段关系”的家庭相较？

哪一种环境会对孩子造成更为深远的影响与伤害，并会塑造出扭曲的人生价值观（例如暴力是被允许的、面子重于一切、在感情里忠诚是愚笨且可笑的等）及更为恶劣的两性典范？

对孩子的伤害，要均衡地从两个方面来审视。其一，若是结束婚姻，可能会对孩子造成的冲击与伤害是什么？其二，继续留在目前的婚姻里，又会对孩子造成哪些层面的伤害及扭曲？是否是更大且长期的影响？那通常都是隐形而巨大的“留在婚姻中的成本”，却经常被当事人忽略，或刻意视而不见。

请你务必去思考，就孩子长远的发展与身心健康而言，哪一种选择比较好，哪一种伤害较短、较轻微，同时“较有机会被妥善处理”。

最后一项同时牵涉你个人的身心健康状态。我在婚姻中的最后半年，自己已能感受到有些抑郁症状与创伤后压力综合症的产生。自我意象逐渐扭曲，对自己的感受、判断力、是非对错、人我关系的界线，都开始产生动摇与怀疑。这是关系中很重要的警告！情绪与身心健康日益恶化，心中充满强烈的愤怒、哀伤、无法信任与黑暗……我知道，再不离开，有一天我将无力顾全孩子，甚至可能连自己也救不了。必须离开充满毒素的婚姻与围绕在周边的某些人、事、物，才有机会遏止情况更加恶化，走上复原和疗愈。继而在健全平稳的状态下，好好地将孩子抚养长大。

你需要自己很好，才能好好地处理孩子的状态。当你的时间、心力和资源都用来应付与处理病态关系当中不断发生的大小状况时，就像一个破了大洞的水桶，无论你舀入多少水，它都会以更快的速度流出。水桶就好比一个人的自尊与身心健康状态，桶中的水则是能量，每一个人都需要基本的水量以妥善处理日常的工作与生活事务，破坏性关系却像一把锐利的斧头，持续地在桶身穿凿出洞，桶里的水因而不断流失，逐渐欠缺健康关系所能拥有的高效能补给。扭曲关系里长期的低水位，使得过往那些你能够轻易处理好的诸多事务逐渐变得费力艰难，你的自信、自我价值感与身心健康，即桶身，亦残破不已。

别说“补洞”本身需要耗费相当大的水量／能量，你连“补水”来适应基本的生活要求都快要捉襟见肘了。当寻常的生活、工作、育儿、交际都变得如此困难时，你只能眼睁睁地看着桶身的洞一个一个被凿出，却再也无力做些什么……如此恶性循环，直到涓滴不剩的那一天。你真正需要做的是，下定决心推开这把斧头，停止新的伤害。

所以，为了孩子，不要离婚?

在某些关系里，“为了孩子，你更要考虑离婚”。

2. 无论“继续婚姻”或“离婚”，本身都不会是救赎。

茱蒂丝·沃勒斯坦（Judith S. Wallerstein）曾说：“在问题家

庭长大的孩子——不管父母离不离婚——生活都很类似。除非父母之中至少一人愿意改变，且真正关心孩子，能提供一个稳定的家与负责任的教养方式，离婚本身并不是救赎。”

而我要补充与强调的是，无论“离婚”或“继续婚姻”，本身都不会是救赎。

美国当前有关婚姻的社会文化与现下的中国仍不尽相同。1969年，当里根州长签署并通过《无过失离婚法》后，其影响如星火燎原，许多婚姻解体了。整个美国社会对于两性新获得的自由，以及人们能够修正早期错误的婚姻额手称庆，却忽视了离婚对孩子可能产生的影响，更忽略了这当中双亲必须为孩子做的事。直到近十年，开始有些不同的声音出现，要求人们重新关注并看到离婚后孩子的需要与心声。然而，中国目前的状态却是：夸大了离婚对孩子的影响，同时忽视了稚弱的孩子长期留在病态扭曲的家庭里所受到的伤害。

而我想从另外一个层面更具体地指出，孩子不会因为你决定“留在婚姻里”，就变得健康；也不会因为你决定离婚，就受到巨大的伤害。让孩子身心健全的，不是“婚姻”本身。同样地，让孩子严重受创的，也非“离婚”本身。那么，关键到底是什么呢？

这一切的关键在于，你与伴侣在离婚的过程里和离异之后的多年期间“所做的事”与“没有做的事”，以及你和伴侣在决定继续婚姻时“所做的事”和“没有做的事”。是这些“你所做的、所说的”与“没有做的、没有说的”，促成了孩子的健康、成长、调整与疗愈，抑或造成了孩子身心各层面巨大的伤害与生命的停滞。（在第六章里，我会更细致全面地谈论这些对你们与孩子无比重要的事情。）

而这些，基本上都与“婚姻状态”无关。

3.“孩子”只是你回避自身问题的借口。

另外一种常见的状况是，“为了孩子而不离婚”。少数的例外，确实是成熟的父母衷心且细腻地考虑到孩子的需要，双方也能致力于平和相处与合作。然而绝大多数的情况，却不真的是（或说不完全是）为了孩子的福祉而做的决定，背后主导的，其实是当事人自己“对离婚的恐惧”。

也许是经济依赖，也许是情感依赖，害怕一个人过日子，恐惧孤单，难以面对并承受“离婚”的污名，不愿意放弃伴随着这段婚姻而来的地位、身份阶层、光环与便利性，不甘心将伴侣让渡给另外一个人，担忧自己一人无法照料好孩子，害怕再也遇不到条件与伴侣相当的人，或者再也没有人爱自己，等等。

通常这样的当事人，都不是很了解自己孩子心中真实的感受与想法，也难以看到孩子真正的需求，更遑论学习如何健康地满足它们。当“承认”与“面对”自己的真实及恐惧都这么困难时，如何能看到他人？此外，当自己的许多需求与渴望是通过依附他人（如伴侣）而获得满足时，孩子通常只会是牺牲品。是为了满足“当事人的需要”而被如此安排，是当事人“需要”保住这段婚姻的想法多过孩子。

这样的当事人，其自身大多时候的选择与做法是逃避与不去看见，将责任转嫁，因此，多半也没有能力协助孩子适应与面对生命的困境和难题。

“要不是为了你们，我早就离婚了。”我实在很难描述这轻轻的一句话带给孩子的负荷与伤害。即便你的出发点是为了孩子，但基本上这段婚姻及是否留在这段婚姻里，都是你“个人的选择”，根本上与孩子无关。孩子不需要承担你幸福的责任——我的不快乐，都是为了你而留在婚姻里，你居然还不孝顺我？孩子也不需要以孝顺你或照顾你，作为你如此选择的回报。

请记得，你是为了自己而做这个选择的。就算在某种程度上你确实真心考虑到孩子，但请你看到，这与你“想成为什么样的父亲或母亲”有关，你期待自己是个尽责照料孩子的父亲或母亲，你不愿或难以接受自己做出恶劣的行径，这可能会对你的自我观感与自我形象造成很大的挫伤，你可能会因此而不喜欢自己、对自己感到厌憎，或者无法再敬重自己。基本上，这是你的自我期许与要求，依旧与孩子无关。更甚者，你可能只是害怕别人如何说你、看待你而已，如此更与孩子无关。

4. 顾全与保护孩子，是每对伴侣、每个人的责任。

整个外遇事件里，最无辜、最不该被要求承担些什么，同时也最脆弱、拥有最少资源的人，便是孩子。

然而，孩子却是在外遇事件里最常被忽略的。很少人会关注孩子对于家里上演的这些争执与冲突的感受和想法。当有外遇的伴侣在自己脖子上架着一把刀，对着另一半嘶吼“我说没有外遇就是没有，你不相信我就死给你看！”的时候，没有人想到孩子就在同一间屋子里，而且显然没有听力障碍——深陷“风暴”中的双亲，没有人顾虑到孩子当时有多么惊惧与无助。

处理外遇的过程中，如何“顾全及保护孩子”，甚至在对婚姻做出抉择后，如何“促进孩子的心理调整”，都是对家庭、社会而言非常重要的问题。这些会在本书的最后一章里详细说明。

成为一个完整的人

一个家庭的健康与完整，首先来自个体的健康与完整。然而，怎样才算是一个“完整的人”呢？又如何才能成为一个健康、完整、神圣、充分发展且成熟的个体？

这是一个很重要也很庞大的问题。简单地说，一个完整的人，是能够好好地整合“身体—心理—灵性”三个层面并使其极为均衡的人。这并不是新的概念，只是近年来这些存在于东方的古老智慧重新被看见并被赋予重视而已，身心灵是交互影响且无法分割的整体，每一个层面的健康都需要个人额外的侧重与修持。

实务方面，则要另外加上“财务”与“关系”的健康，才能兼备，也就是詹姆斯·奥瑟·雷（James Arthur Ray）所倡导的生命的五根支柱，分别是“财务”“身体”“心理”“社会／关系”与“灵性”。财务健康与独立的经济能力是当前经济形态中不可或缺的健康要素，要成为一个完整的人，你就必须具备基本的经济能力、创造财富与价值的能力。或许多年后社会形态将有所转变，届时不一定需要金钱作为媒介；然而今日，“没有独立的经济就没有独立的人格”，这句话有其道理，无论是在原生家庭或婚姻当中皆然。而“关系”，则是修行的场域，生命就是关系，不仅仅局限于男女情爱，而且包含“你与自己”“你与他人”“你与世界”的关系。这五根生命的支柱都需要被你适当地关注与发展，也许在不同时刻倾力于不同层面，而最终须使整体均衡且健全。

一个完整的人，基本上也是“男性能量”与“女性能量”都能充分且均衡发展的人。通常是一个男性特质与女性特质兼备，能随着情境、目标与角色而适时转换及发挥的人。“男性能量”是高度聚焦，以目标为导向，同时使你与整体分离，独立出来成为一个特定的个体；“女性能量”则是家与内在源头的能量，如大海般包容，是连接的、流动的，你可以说它就是光与爱，以及五彩缤纷的生命力的展现。

这两种能量都很重要，当缺少了其中一个时，另外一个其实也无法有太大的发挥或良好的展现。我们似乎已经走到了代表男人和女人的两股能量需要调和平衡的时代了。从过度崇尚“阳”的当前社会，即崇拜快速、高效、拼命、成功和科技，转变到同样尊重“阴”的方面，重视慢活、无为、等待、黑暗、未知、大自然与地球。不仅是男人与女人彼此之间尊重合作，存在于每一个个体之内的“男性能量”及“女性能量”，也都需要被赋予尊重并允许其各自充分发展，使个体渐能从“未成熟的阳”与“未成熟的阴”迈向成熟。

完整的人，也是逐渐从“低意识”走向“高意识”的人。不仅关系层面如此，个人的状态亦然。然而，在此之前，我要请你，亲爱的你，先去拥抱最低层的自己。

1. 拥抱最低层的自己。

肯·威尔伯（Ken Wilber）很清楚地指出：“人类的意识成长必须包含、迎接并带着我们最基本的能量，诸如我们的动物性、性、身体、情绪，抱着所有这些往上成长。如果没有拥抱这些最低层的自己，就会造成病痛与心理的变态。如果我们要进展到意识成长的下一个阶段，就必须整合低层的自己。”

身体，便是最低层的自己；通过金钱所能满足的生理享受与物质需求，也属于低层的自己；情绪，无论是正面或负面，以及性能量，皆是生命力与热情所在，也属低层的自己。

完整的开端，其实是开始关注并接纳这些层面——被世俗贬抑、被自己拒斥的部分。所谓的“让自己完整”，也就是逐一地迎回这些曾让你羞愧与深恶痛绝的事物，迎回被你拒绝的自己。

2. 双性教养——父爱和母爱的兼备。

你需要先让自己的男性能量与女性能量能够充分且均衡地发展，你需要先学习成为自己“内在的父亲”与“内在的母亲”，你需要先拥抱并接纳低层的自我，疗愈旧有的伤痛……当这些部分逐渐丰盈时，你将自然而然地能够在不同时刻给予自己需要的父爱和母爱，从而能够在孩子需要时，适切地给出父爱及母爱。

“父爱”与“母爱”是两种不同但都很重要的能量。致力于女性能量复苏的李安妮（Tara Ann Lee）如此描述：“父爱让我们知道我们有更多的成长空间，可以变得更上进，鼓励我们不断学习、改善并前进。父爱主要的成分是动力与参与，以及主动进化。”而

“母爱让我们看见自己现在就拥有的价值，让我们觉得被接受，能够很轻松自在地做自己。母爱主要的感觉是接纳、允许、宽容和自然的存在”。

简单地说，父亲的角色协助孩子健康地离开母亲，成为独特的自己，引领孩子成长前进；母亲的角色则协助孩子感受到无条件的爱与本来就具有的价值，接纳自己，并与内在源头和“家”维持联系。（我会在第二章里，进一步说明在疗愈与感受情绪的过程中，你如何与你“内在的父亲／父爱”与“内在的母亲／母爱”连接并同在，同时运用他们来协助自己与孩子。）

孩子成长的不同阶段，父亲与母亲的角色也有不同的意义与重要性，它是交替穿插的。由于“双性教养”并非本书的重点，在此仅是让你知道，独力教养孩子其实也能兼顾两者。

除了来自你自身的父性与母性，孩子成长过程中，特别是青春期期间，你仍需要主动为他寻找并创造其他健康且多元的“两性典范”，通过你与某些相对健康的朋友的接触与情谊的建立，并主动回避那些具有伤害性与不良示范的人物，谨慎地让他们成为孩子生活经验的一小部分，使得孩子有机会认识并看到其他不同于你或另一半的良好典范。

做必要的事，让幸福如影随形

结束一段婚姻未必会对孩子造成无可弥补的伤害。前面说过了，关键在于你在这个过程中“所做的事”与“没有做的事”。而实际上，它也可以是一次很好的经验与“很重要的示范”。示范某些生命中的坚持或价值，例如关系里的尊重与真诚、对承诺的实践、彼此对信任的用心维系等，是值得你用“结束”一段关系去追求与维护的。

请记住，你在为孩子做一个示范，一个举足轻重的示范。

示范，创造幸福是每一个人的责任。示范，不是被动地等待幸福发生或降临，而是去做必要的事，让幸福能够伴随。用佛教的观点来说，便是去创造那个“因”，然后等待“缘”成熟，一旦“因缘俱足”，幸福就会来临。

示范，每个人在人生的各个阶段，在相对重要与不重要的决定上，都可能犯错。当你发现错误的时候，无论是选择了一个不适合的伴侣，抑或发生外遇，都别忘了，比停在那里懊恼自责更重要的是，你愿意承认，并鼓起勇气修正这个错误。

示范，你不需要完美无瑕，你不需要事事完美、事事逞强、顾面子甚于里子。接纳你的真实状态，接纳你的不完美，而那，就是完美。

对我来说，我并不希望我的孩子成为一个当关系已经扭曲到极致，却仍无法离开的人；我不希望他会认为即便充满谎言与伤害，一段关系仍必须持续；我不希望他会相信即便失去信任与尊重，两个人还是能够凑合着一起生活；我不希望他学到“不尊重自己”与“不爱自己”，仅是为了社会的评价，那外在且空洞的“完整”。

我的幸福，是我自己的责任，不是伴侣的责任，更不是婚姻的责任。不管外遇有没有发生、伴侣要不要回头、婚姻能不能继续，每个人都得学习为自己的幸福负起全责。

与其问“那怎么可能”，不如问“如何使其可能”

芝诺有一个非常著名的悖论（Zeno’s paradox）：如果我每次都朝目的地前进一半的距离，我将永远无法抵达目的地。也就是说，倘若我离饮水机两米远，每次都朝它走一半的距离，那么我永远都喝不到水。

埃伦·兰格教授为此提出一个简单而正面的思考方式，并称之为“逆转芝诺的策略”，即只要每次走一小步，无论这一步有多小，都可以让我们离目的地更近。只要走一小步，肯定会有另一小步可走，如此一来，原本认为不可能达成的事，最终都得以实现。

结束婚姻，重建生活，创造幸福，基本上也都是从眼前的一小步开始，我们将其称作“婴儿的步伐”。没有比小婴孩最初那颤颤巍巍的一步更不起眼却又举足轻重的了，万里之行，便始于这小小的一步，尽管初时难以想象，这一步又一步的微小颠簸如何走进世界，再走遍世界。

在最困难的那些时刻，我会鼓励你，与其问“那怎么可能”，不如问“如何使其可能”。当你认定并无可能的时候，你的限制性信念便圈囿住你自己，即便就在眼前，你也看不到那些可能。然而当你转而询问“如何使其可能”时，你便开启了那一道神奇的门。

我是宝贝——爱，源自内在

你是宝贝，请在嘴里细细咀嚼这两个字——“宝贝”。含着情感，就像你低声唤你的孩子一般，让你的胸间充满温柔的情感。

用“我”取代“你”这个字，停下来跟着我做，大声念出“我是宝贝”，听着你的声音回荡在空气中，那样陌生的语句与发音。再一次，细细品味这个词。

我是宝贝，毋庸置疑。不管眼前这个人是否把我当成珍宝，我至少都是一个人的宝贝，这个人就是“自己”。没有人比“自己”更了解我，更清楚我在过程中的折腾，更心疼我，更能无条件地爱我。

倘若连“自己”都做不到珍视与呵护自己，又如何要求他人也如此对待?

倘若连“自己”都轻贱着我，深信我其实不大重要，又如何能怨怪他人践踏我的真心，所做、所见与我略同? 外在世界不过就是你内在世界的投影罢了。

罗伯特·潘特(Robert Pante)说过一段很有道理的话：“你瞧，你被安排到这个星球上来，并且被赋予最优质的东西。你所拥有的并不是便宜的塑料眼睛或聚酯皮肤，你的骨头也不是橡皮做的。你整个身体都是由极为巧妙、不可思议的物质所构成。因此，在这么卓越无比的容器中，你难道不认为，它内在包含的物品，至少应该比它的外包装更具价值吗? 你应该不会特地去订制一个价值五百万美元的保险箱，却只用来放一枚价值两分钱的回形针吧? 这么做完全没有道理。很明显的是，在这个身体里面的东西，绝对要比外头的包装更具价值才是。”

当你不爱自己时，无论周围有多少爱，你的内在仍然匮乏且饥渴。当你不爱自己时，你也很容易为自己创造“不被爱的关系”。而你根本没有办法在不爱自己的状态下，去爱别人。

爱的源头，其实在你的内在，也仅在你的内在。

02

创伤的疗愈

对于某种情绪，你们所能做的最重要的事，就是允许它进入，去感受它的各个方面，却不能失去意识。例如愤怒，你们可以邀请它全然地存在，在身体的几个部位感受它，但同时又站在中立的角度观察。这样的意识就是疗愈。……以理解拥抱自己的情绪，这就是“灵性炼金术”。

——帕梅拉·克里柏 《灵性炼金术》

无论是建立一个完整的家，协助孩子健康成长与调整，与原／新伴侣重建亲密互信的关系，还是幸福圆满的独身生活，首先你都得疗愈自己的失落与创痛。而真正的疗愈，必然伴随着深层情绪的经验与转化，隔开“情绪”的所有处理方式，皆是有限的。因而你需要对“情绪”和疗愈的本质有些基本的认识，才能启动这个历程。我们一般对情绪和创伤的误解，时常阻碍了个人内在疗愈本能的作用。故而这一章先由“创伤的疗愈”与“情绪”谈起，以协助你移除复原历程中的路障。

创伤与失落，是每个人的人生中必然会发生的普遍经验。如何面对生活中微小的失落与重大的创痛，是每个人都需要知道的。当你知道如何从伤痛中疗愈自己时，你才能真正了结每一段关系之中的“未尽事宜”——关系或事件结束后，情绪与情感上依旧存在的这些连接，真正地与过去道别。人无法单靠“遗忘”来了结伤痛，刻意要遗忘某件事本身便蕴含着未被处理的痛楚，蛰伏体内随时等候冒出头来。真正的结束，其实是那些或美好或伤痛的事件情节仍在，当你想起时却已不再伴随强大的情绪。更重要的是，疗愈后的你能够将最纯净饱满的能量重新投注在新的关系上，再度与自己、与他人、与世界建立起深刻且充满爱的连接。

当你逐一疗愈来自原生家庭和过往关系中的伤口，你将越来越自由且趋于完整，你会比现在的你更勇于冒险，更无惧于受伤。

调整你对情绪的认识

30 多年前在美国创办伤心疗愈协会的约翰·詹姆斯（John W. James），与罗素·弗里德曼（Russel Friedman）合著了《一个人的疗愈》，提到 6 种社会上普遍存在的处理伤心的错误观念，分别是“不要难过”“找东西来取代失去的”[①]“独自伤心”[②]“让时间抚平伤痛”“为某人坚强起来”与“保

①“找东西来取代失去的”，以分手为例，便是很快再交一个男女朋友来取代失去的恋情。通常那都会是很糟糕的关系。

②“独自伤心”指一个人静一静。这一点我持保留态度。因为每一个人疗伤与哀悼的方式是不尽相同的，不见得每一个伤心人，在每个时刻都会想要与人分享，或者想要他人的陪伴。因而，是否让伤心人自己一个人静一静，是因时、因人而异的。对关心的人来说，可能有帮助的一个做法是，让伤心人知道，当他想要倾诉与陪伴时，你会很乐意。抑或在更进一步地开启话题或提供陪伴之前，先征询他的同意，并尊重他在任何时刻想停止与独自安静的要求。

持忙碌”。

即便是现在，这些“阻碍哀悼完成”的做法依旧普遍存在。遭逢失落后，伤心与痛苦的情绪是自然且健康的事，但因为社会集体对“情绪”的误解及贬抑，与回应上的无措，致使伤心人时常被隔绝在最需要的社会支持之外。举个例子，许多好心人会叫伤心的人“不要哭”“不要难过”，是因为除了这个，我们不知道还能说什么、做什么，不懂如何“有效地倾听与陪伴”——成长过程中我们鲜少被教导这些。另外一种常见的情况是，当事人的哭泣引发安慰者某种程度的焦虑、悲伤或无助等感受，安慰者未必有所觉察，却下意识地急着想要做些什么，好让对方停止哭泣，尽快坚强起来，如此自己才会感到好过一些。

在这里我要特别提及的是，时间“本身”通常不能够抚平伤痛。临床上有太多未能从多年前的失落或创痛中走出来的案例，因而当事人也看不到这些“尚未痊愈的伤口”如何对自己的亲密关系、职业选择、生活的活力与热情等各种层面产生影响。有些甚至全然没有觉察，直到治疗逐渐开展，至其与自己恢复连接后，才讶然觉察内里的伤痛与随之而来的禁锢箝制。这些人多半“静待时间来治愈一切伤痕”，相信时间自然有种魔力，可以使一切复原如初。詹姆斯与弗里德曼举了一个很有趣的例子：“如果你发现你的车子爆胎了，你会拉一把椅子坐在车子旁边，静静等待空气自动跑进轮胎里吗？”

重点不是时间，而是你在这段时间里，为这份失落与伤心做了些什么，从而能有效地了结或转换它。那其实也是“疗愈”的一部分。

你得治疗自己，挖掘并找出这件事当中的未尽事宜，然后完成它。

首先，让我们由“关注”并“理解”自己的情绪开始。

爱自己的第一步，关注你的情绪

前面提及的阻碍性概念，跟“伤心”关系比较密切（部分也适用于其他情绪），但伤心其实只是情绪的一种。我很讶异地发现，无论在演讲还是治疗当中，当我询问当事人“你的情绪是什么”或“你感觉到什么情绪”时，经常得到“我认为他不应该这样做”“我觉得很不公平”“我以为他会如此都是因为……”等回答。当然以上的回应某种程度上都反映了当事人的真实情况，只是，这些陈述基本上都是“想法”，是对事情的看法、诠释与分析，而非“情绪”。

有一定比例的人是真的不知道“情绪”和“想法”的区别，另外一部分人则是不习惯情绪语汇的使用及表达。我们的社会其实并不鼓励表达情绪，特别是负面情绪，在这样的社会情境下，许多人所拥有的“情绪语汇”相对贫乏，因此经常会发生找不到词语来表达心中的感受，或者笼统地以“让我不是很‘舒服’”“我感到很有‘压力’”等过度模糊的用语来描述。有一些人则是根本与自己内在的情绪疏离至斯，对负面情绪本身的“批判”与误解[③]（见039页），致使这些人在成长过程中的某些时刻，有意识或无意识地选择关闭丰富且自然的感受之门。

情绪语汇虽然也可当作名词或动词使用，然而从描述心情的“形容词”来认识并理解“情绪”，似乎较为容易。研究上对基本情绪的数量与分类仍有分歧，但一般而言，跨文化皆然且普遍被认同的 4 种原始情绪为喜（喜悦）、怒（愤怒）、哀（伤心）、惧（恐惧）。其他诸如惊讶、歉疚、羞愧、遗憾、困惑、无助、安心、厌恶、嫉妒……这些对心情及感受的形容，也都属于情绪。

关注你的情绪，就是“爱自己”，并且是“爱自己”不可或缺的一种方式。“爱自己”是耳熟能详的用语，广告商特别爱用，但它的内涵绝不等同于吃好穿好、购物花钱。爱自己的第一步，其实是赋予你的情绪足够的注意力，允许它充分述说，而你学习倾听与同在。

③多个个案曾表明，当他难过的时候就会觉得自己非常懦弱，也非常糟糕，或者非常不喜欢自己这种脆弱易受伤的感觉。

情绪是你内在的小孩

“情绪”，就某一层面而言，好比是每个人“内在的孩子”。在每个情绪发生与感受的当下，能从一个更宽广的角度观照全局并完全理解这个情绪的，其实也就是个体“内在的父亲”；而愿意进入那个情绪，去感受它，与它在一起，让它自然地穿透自己并且流动，用爱与慈悲去包容及拥抱它的，则是个人“内在的母亲”。用比较世俗直白的话来说，一个是“理性的”（意识的）观照与觉察，另一个则是“感性的”（情感本身的）单纯进入与感受。

有一种说法是，你如何对待你真实生活中的孩子，通常你也会这样对待你自己的情绪，即你内在的孩子[④]。你可以在平静之中观察自己平日与孩子的互动和关系的质量，若你经常感觉很难去了解孩子真正的感受及想法，而你的孩子自某个时刻开始再也不愿意向你述说心事了，你首先要学的，其实是“倾听”你自己“内在孩子”的声音。问题的根源不在他处，而在你与你自己的关系上面。你真正要做的，并非学习教养的知识与技巧——当然这终究会有一些帮助，而是“回归自身”，重新恢复你与内在孩子的连接——这可以从“赋予你的情绪足够的关注”开始。请记得，“关注”就是爱。

若你对孩子常常是严厉的，有很多的批评，觉得他不够好、不够努力，那么，你多半也是如此对待你内在的孩子的：批判自己负面的感受与状态，责怪自己不够坚强，不应该有这样的感觉。又或者，你经常很担心

④“教养”之所以很难教给父母或者协助父母调整，正是因为它根本上离不开“自己”。临床工作上我经常觉得与父母谈话远比对孩子进行治疗费力许多，有时便是这个缘故；然而父母若能够，也愿意做出调整，抑或学习更适合自己孩子的引导方式，则孩子的进步会是非常快速且明显的，能加速整个疗程的进行。

孩子受伤，舍不得他经受挫折，无法坚定并温和地为他设立有益于他身心发展的规则，这可能与你其实并不熟悉或不相信自己内在的智慧与疗愈力量，以及内在的父亲与母亲，徒然将心力用于掌控外在发生的事有某种程度的关联。

情绪疗愈的关键：接纳与调节

“不压抑或逃避任何正面或负面的情绪，但为它负起完全的责任”，是情绪对待的一个重点。我经常在当事人身上看到两种极端的状态：一种是“陷溺型”，全然陷落在情绪里，被情绪淹没且无法将自己拉出来；另外一种是“隔离型”，与自身情绪疏离，不太能感受到自己有何感觉。这两种都是极度“失衡”的状态。均衡的状态是，在进入与感受情绪的同时，亦让自己保有一份“觉知”，这份“觉知与观照”正是整个情绪疗愈的关键。通过你内在的父性意识，关注并理解情绪的内涵，同时为这个情绪负起责任。当你能够在情绪强烈时维持观照的意识，同时理解自己对内在孩子负有拥抱与调节的职责时，便不会随顺它迸发成伤人伤己的行为。

而“隔离型”中有种程度较轻却更常见的变形，是以纯粹理性，即所谓“理智化”的过程来梳理感受，着重于分析、讲道理、事件数据，却与内在保持距离。我们在生活中都曾遇过这样的人。与“隔离型”一样，其实都是“不愿意进入情绪”，试图回避脆弱、直接的感觉。当事人不知道的是，这样做的同时也切掉了一部分的自己——与生命力及疗愈力量连接的那部分自己。

情绪的区别在于表达方式

在此，我仍然必须提及两种对情绪普遍存有的误解。然后，再让你清楚地看到，从来就不是这些人、事、物引发或造成了你的情绪。根本上，就只有你，你是自己所有正面与负面情绪的源头。

第一种误解是，“负面情绪是不好的、有破坏性的，必须用正面感受或想法取而代之”。而我要告诉你的是，“情绪本身并无所谓对错，情绪表达才有较具建设性或破坏性的区别”，这也是对情绪最初步的认识。

这里要先说明一下，“情绪觉察”和“情绪表达”的不同。“情绪觉察”是指对自己情绪的发现与辨认，例如我觉察到，当他在说这句话时，我心底涌现哀伤；我的胸口灼热紧缩，眼眶有些刺痛（与情绪有关的生理感觉），我的伤心在于人世无常，人与人之间的情感终有成为过去的一天（与情绪有关的想法）。“我觉得伤心”，是“情绪觉察”，广义而言，包含了情绪本身、与情绪有关的生理感觉、与情绪有关的想法，即情绪、身体、认知这三个部分。而“情绪表达”则是如何传达与展现这个情绪及相对应的想法。例如闭上眼睛，让眼泪流下来；抑或告诉对方，“听到你这样说，我觉得非常难过”。

“情绪本身并无所谓对错”。你感受到的任何情绪，都是需要被你自己尊重，并“如实如是”地接纳的。情绪本身并无所谓“对或错”“好或坏”“应该或不应该存在”的区别。而越是强烈的情绪，越是需要你主动赋予关注及理解。“情绪表达”则依当前社会规范的不同，有恰当与不恰当的分别。但我认为社会，或者说集体意识，也是一个能够不断进化的实体，因而“情绪表达的合宜范畴”，在个体与集体层次对情绪更能接纳的状态下，是有机会修正与扩展的。我通常会以“在个人层次和集体层次，建设性或破坏性”的角度来看待“情绪表达”。我们每一个人，在接纳自己各式情绪感受的同时，都要学习能以建设性的方法，至少是不伤人不伤己的方法，来表达特定情绪与相关想法，此点毋庸置疑。

情绪觉察	情绪表达
我伤心欲绝（难过）	• 号啕大哭 • 沉默地掉泪 • 口语表达“听到你这样说我真的很伤心” • 强装不在意，转身离去 • 大吃大喝 • 破口大骂（用愤怒掩盖伤心） • 用小刀割自己的手腕（以生理的痛苦转移心理上更深刻的痛楚）
我很愤怒（生气）	• 清楚明确地告诉对方，自己为什么生气 • 臭着脸不说话 • 掉头就走 • 发脾气，乱丢东西 • 大声谩骂、反击，甚至人身攻击 • 涨红脸，爆青筋，握紧拳头往前挥去 • 逃课、离家出走 • 不再跟对方讲话、互动，短期或长期冷战 • 拿头撞墙，徒手捶破镜子 • 持刀举枪杀人、伤人 • 在公共场合放置危险物品 • 大屠杀

1. 拥抱并接纳你的负面情绪。

不仅仅是社会本身对情绪存在着贬抑，在过去很长一段时间里，世界上的主流传统宗教与灵性教诲，对三种事物普遍存在着误解和压抑。这三种事物分别是性、负面情绪及金钱。

在这些传统教导里，建构了许多“人为”的二元区分，并附加以“评价”。例如将情绪区分为“正面情绪”与“负面情绪”，尊崇与宣扬所有正面的感受，包含爱、慈悲、关怀、快乐、兴奋、愉悦、满足等，同时贬抑且打压所有负面的感觉，诸如恐惧、焦虑、愤怒、怨恨、失落、伤心、嫉妒、痛苦等。因而很少有人会在你快乐时告诉你“不要笑！”，却会在你难过时告诉你“不要哭！”。这便源自此种二元区分与对情绪的评价。

于是你一感受到愤怒，这些教诲立即起了作用。生气是不好的、不对的，你必须避免发怒，铲除这些感受，要爱你的敌人如己，必须能原谅与放下，用正面想法来取代负面的。然而当你拒斥了自己的黑暗（在此便为你的负面情绪）的同时，你也否定并拒绝了一部分自己。在这样的状态下，就算你认为自己是慈爱的，你的爱仍有条件，你的内在仍存在着分裂与冲突。

即便不在灵性教诲的脉络里，一般成长过程中，我们仍旧常常会被教导“不能有这样的感觉”，也许是我们的父母、老师、亲友、某些成功人士或社会名人这样告诉我们的。比如经常能够听见成人对受挫或伤心的孩子说：“好了好了，不要哭了！”“这有什么好难过的？”“哭又不能解决问题。”以上皆传达了“哭是无用且无益”的错误想法。其实适度的哭泣有助于问题的解决，当情绪通过此种宣泄恢复平稳时，个体的认知功能及解决问题能力便能如常有效地运作。再如，“你是男生，哭什么哭啊？”“勇敢一点！”“要坚强！”背后传递的信息便是，哭是懦弱的表现，是太过软弱与不够坚强，男孩更是不能这样。我还听过有人这样骂孩子：“我都被你哭倒霉、哭穷了！”这真是毫无道理的指责，是说者本身的烦躁情绪以不当的方式来表达。成人也常对生气的孩子说：“这是小事，有什么好生气的？”“你怎么这么爱生气呀？”“你生什么气啊！我们是关心你！我们是你爸妈，难道不能这样做吗？”凡此都是在否定孩子愤怒的感受。

以上这些，某种程度上都传递了“你的感觉／情绪是不对的”“你不应该有这样的感觉／情绪”“你应该要如何感觉才是勇敢与坚强的”这些有误的信息。

好消息是，近年来东方与西方不约而同地开始兴起一股不同于过往的风潮。暂且不论及“信仰”或灵性的其他层面，单就这些灵性教诲中对“情绪”的描述与处理，有一些是我非常同意的。这些理解，其实也贴近某些心理学研究结果与经验学派里对“情绪”的认识和情绪本质的教导。

《灵性炼金术》里，“约瑟之子乔舒亚”便把情绪看作一种对“无法理解”的事物的能量爆发，是我们可以在身体里清楚感觉到的。而他这么说：“情绪不应该被评价和压抑，它们是身为人的重要部分，所以必须被尊重、被接受。你们可以把自己的情绪看成需要关注、尊重和指引的孩子。”“对于某种情绪，你们所能做的最重要的事，就是允许它进入，去感觉它的各个方面，却不能失去意识。

例如愤怒，你们可以邀请它全然地存在，在身体的几个部位感受它，但同时又站在中立的角度观察。这样的意识就是疗愈。……以理解拥抱自己的情绪，这就是‘灵性炼金术’。”

这是非常吻合“情绪”本质及“疗愈”之所以能够发生的描述。简单地说，便是“以理解拥抱自己的情绪”，摒除了人们被错误教导的、对负面情绪本身具有的批判与评价，从而允许自己全然地进入它并感受它，在此过程中保持着意识、觉知。通过拥抱并理解这个内在孩子所传达的信息，情绪才能真正被转化与消融。

在印度创设“合一大学”的阿玛巴关（Sri Bhagavan），致力于推动全球的觉醒与合一意识，他所推动的“内在诚信”其实就是“去看见隐藏在自己情绪背后的原因”，即看到自己内在的真相，巴关认为这就是觉醒的开端。他如此描绘：“‘内在诚信’是一种看见自己内在正在发生些什么的工具；没有判断，没有谴责，也不提供解释，就是去‘看见’正在发生什么。”内在会有许多糟糕的东西，诸如愤怒、欲望、嫉妒、缺乏爱与连接，你可能会不喜欢它们，但你仍必须持续看见，你会发现，那些东西存在于每个人的头脑里，并且是不可能改变的。这是由于我们所拥有的是非常古老的头脑。同时你也没有必要改变，巴关认为，因为你就是被设计成这个样子，而这是有目的的。你什么都不必做，你只要持续看见，并如实如是地接纳一切好与坏，“当你深刻明白不可能改变时，你的头脑就沉默了。你发现其实不需要努力，接纳自然就发生了，然后爱也跟着出现，‘临在（神性）’也随之而来。这就是‘内在诚信’与‘临在’之间的关联”。

“我们的焦点是如何看见、如何接纳、如何与内在发生的一切在一起，而不是试图保持某些事物，排除其他的。不要批评内在发生的一切，当你如实如是地接纳时，就是静心，就是实修，就是一切。”

这里要强调的是，“拿掉所有评判，就是去看见与感受情绪”及“全然地自我接纳”这个部分。无论我们究竟是不是被设计成这个样子，是宇宙随机造成的结果还是神圣意识的设计，重要的是，这就是人类最真实的本质与存在状态，每个人都是如此。而我们爱这个部分，爱自己的黑暗面与负面，如同我们爱自己的光明一般。

巴关也鼓励人们进入情绪，与伤痛或痛苦在一起。他认为人类之所以“受苦”，正是因为用尽各种方法来“逃避面对痛苦”所致，有人酗酒，有人埋首于工作，有人暴饮暴食，还有各种成瘾行为。他用“跳入老虎的口中”（在此老虎意指“痛苦”的情绪）来比喻：“当你悬挂在天花板上，老虎在下面吼叫，你害怕自己随时会落入虎口，这就是你所说的痛苦。我们说的是，请从天花板上下来，直接落入老虎的口中被它吃掉。奇妙的是，当你被吃掉时，‘你’就消失了，那还有谁在痛苦呢？……如果你没有去经历痛苦，老虎某天就会再次扑向你。你所能做的最好的事情就是去接纳痛苦，……你迟早会发现自己掌握了这门艺术。每当痛苦来临，你就会接纳痛苦，痛苦就会转化为喜悦。”

姑且不论“我”（此处指“小我”，拥有与他人分离的幻觉的那个我）是否消失，“跳入老虎的口中”其实就是去感受那个情绪，允许自己和那个情绪在一起，去正视、面对、进入这份痛苦。

2. 负面情绪是通往深层自我最好的管道之一。

先前已不断强调，情绪本身并无好坏之别，于此更进一步地说明。首先，每一种负面情绪都有它非常正面的内涵。例如愤怒，愤怒有时是很好的提醒，对方的行为可能已侵犯到你的界线，或是未能尊重到你的意愿及选择，由于“健康的人我界线”对关系的长期维持与亲密是非常重要的，通过觉察愤怒，你可以重新说明你的偏好与立场、采取具体行动、学习由自己来捍卫自身权益而非期待他人等。愤怒也会让一个人变得有力量，原本性情温和、语调轻柔的人，在愤怒之下说起话来可能是铿锵有力、掷地有声的，自然散发一股气势，让他人不由得竖耳倾听，同时对你的声明给予合宜的尊重。你的愤怒也能够让他人警觉到自己行为的不当，并认识到这是独特的你所重视的。愤怒也常常是社会改革及向上提升的一股强大的动力来源，女性工作权及其他权益的争取与拓展、弱势团体的利益维护、地球生态与环境保护的重视，都是源自最初那一股对不公、不义、不平等的愤怒。

悲伤也有很多好处。悲伤让人有机会认识到世间万事万物的无常本质，何者是幻象，何者是本源，而人类的痛苦源自许许多多的执着。悲伤让人学会珍惜所拥有的事物与情感，活在当下；也使人有机会重新思考自己生命当中的优先级，从而在后续有限的人生里做出调整。悲伤亦使人更能同理他人的痛苦，深化与拓展个人的爱与慈悲。

除了负面情绪具有的正面性，如同婚姻与性治疗学者戴维·史屈纳（David Schnarch）对“性”的肯定——“性，可以是一扇窗户，让我们看见自己是谁”，情绪亦有相同的功能。情绪，是通往内在深层自我的一条道路，特别是那些喧嚣不已的强烈情绪往往意味着你内在的孩子携带着极为重要的信息，声嘶力竭地呼唤着你的关注，渴盼让你听见。通过对负面情绪的观照与探索，你将有许多令人惊异的发现。那些极深层的渴望、内在的匮乏、强烈的欲求……你会在你身上看见每一个人。情绪是一把开启自我内在的钥匙，古希腊神殿上著名的“德尔斐神谕”即明白地告诉世人：“了解你自己，如此你将拥有宇宙之钥与众神的秘密。”最奥妙处便存在于此。情绪通往内在自我，而内在自我通往这个世界及宇宙的本源。

附带一提，当你开始往内在探索，你就开始成长。这种内在转化将会引导你采取某些新的行动，新的行动则使你开始进化，当你开始进化又采取更多新行动时，便会逐渐产生新的结果，例如开始能够在生命中创造充满爱与尊重的关系。内在的转化永远先于外在的结果。

即便不去谈论“负面情绪具有的功能”，就“存在”本身而言，如同太极中的阴与阳，“无阳则阴无以生，无阴则阳无以化”，两者相伴而成，缺一不可，正面与负面情绪亦然。也或者如磁铁的正极与负极，自然界中的水与火，黑夜与白昼，凡此皆是相辅相成，本质上并没有哪一种比较高尚、哪一种则低劣的区分。这种建构与评价都是人为的。

你的情绪并非真理

所有的情绪都是有止尽的。情绪只是一种能量的流动，总是不断在变化着，有消退的时候，也有再涌起的时刻，基本上是无常的。你的情绪不等同于你，就像你的念头不等同于你一样。而这就是我要说明的第二个有关情绪的基本认识，“你的情绪并非真理，你的情绪也不是你”。

当你感受到“生气”时，尽管你需要倾听与尊重，然而这并不意味着你的生气是合理的，你的感觉就是真理，人、事、物理应如此运作。更重要的是，尊重你的情绪，并不表示“你必须（或只能）依据这个情绪来行动”。

我们都知道，孩子所感知与理解的，不一定是客观或全面的事实。因而，现实生活里，你多半不会单纯依据孩子所感受到的情绪来反应或行动，你会自然地加入一些成人的理解、评估与判断，再采取你认为合宜的行动。我们回应自己情绪的方式，也需要如此。强烈情绪下，经常伴随相当程度的认知扭曲，这就好像戴上一副有色眼镜来观察事物。虽然你很“生气”，强烈地感觉到“我是对的！事情就应该如此才对！”，然而你却不一定是正义、正当与正确的，这种理解得要你平静下来才有机会发生。此刻，请你先行记住“你的情绪并非真理”。

在感受与释放情绪之后，你会有机会看到事情的其他方面。多给自己一点时间，学习“回应”而非“反应”。“反应”是自动化的、被制约的，是内设的潜意识播放程序，受到刺激直接驱使；“回应”

亲爱的，
不要落入那种社会建构的“完整”困惑里。

即便是单身的父亲或母亲，
也绝对能够为自己与孩子
建造一个完整且健康的家。

则是沉淀过后，以理性协助，同时与心一致的真诚行动。

受到情绪直接驱使的行为，通常也不会有建设性。别让情绪决定和主导你的行为，你并不等同于你的情绪，“你”这个集合，比情绪大得多。

你的想法造成你的情绪

情绪的 ABC 模式

我们经常会认为，是这个人或这件事造成了自己很大的痛苦。例如老板借故炒我鱿鱼，所以我非常生气；恋人离开了我，我因此而伤心欲绝。但真的是这样吗？

我时常举一个小学生都能理解的例子来做说明。这个例子是受到理性情绪行为治疗大师阿尔伯特·埃利斯（Albert Ellis）的启发而来：“假设你与朋友相约，要一起讨论一份下周要交的报告或策划案。你如期赴约，但等了半小时，那位朋友还是没有出现。你没有接到任何他的来电，你尝试联系他却发现他的手机关机了。你打算要离开时看见他匆匆忙忙地跑了过来。请问这个当下，你会有什么样的情绪？”

通常我会得到五花八门的回答。很多人告诉我，他会很生气，等级从“小不爽”到“超级生气”都有。而我会进一步询问“你在

不爽什么”或“什么让你这么生气”。我将几种常见的回答简列如下:

事件(A)	不同的情绪感受(C)与其内涵
朋友迟到	**生气(从“小不爽”到“超级生气”)** • “因为他不守时，跟人约定准时到应该是很基本的。” • “不被尊重的感觉！也不先打个电话告知一下，很没礼貌。” • “浪费我的时间！” **担心** • “不知道是不是发生什么事了？” • “手机也打不通，担心发生意外。” **高兴(从“暗自窃喜”到“开心”)** • “因为这样就有机会敲他竹杠，叫他请我吃晚餐！”“而且他迟到越久，我越高兴，这样就可以敲一顿大餐！” • “很开心不用再约下一次，今天就可以把报告解决。” • “幸好他及时赶来，不然我若是刚好走掉，两人就错过了。” • “很高兴他没事。” **平静** • “刚好利用这个空当背背英文单词、看书或做点其他的事。” • “半个小时还在我能容忍的范围之内。” • “别人会不会迟到实在不是我能控制的，气也是白气，我没迟到就好。” **难过** • “他应该不是很重视跟我的约定，才会迟到这么久，而且连电话都没打。” • “他没有很在乎我这个朋友……总是没有人在乎我。”

同一个“事件A”，在这里却有至少5种不同的“情绪C”（生气、担心、高兴、平静与难过），那么，是“事件A”导致“情绪C”吗?

?

事件（A）→情绪（C）

抑或当中其实有另一个中间项介入呢？即：

事件（A）→？（B）→情绪（C）

在此例中，同一事件 A 引发了不同的情绪 C，从生气到开心都有，显然 A 并不是导致 C 的直接原因，真正的关键在于中间的 B，也就是你对这件事情的“想法／信念”才是决定你会产生什么样的情绪 C 的关键。

事件（A）→想法（B）→情绪（C）

而每一种不同的情绪 C，都是由不同的想法 B 所导致的。所以不同的情绪，一定关乎不同的想法，是需要一一被你自己挖掘出来的；而同一种情绪，也可能是数种不同想法共同导致的。

A→B1→C1

→B2→C2

→B3→C3

……（以此类推）

斯多葛学派的帝王哲学家马可·奥勒留（Marcus Aurelius）的一段话，恰巧可以为此做个很好的总结：“如果你因为任何外在事物而苦恼，那么，你的痛苦并非来自那些事物本身，而在于你怎么看待它们。正因如此，你具备了随时可以消弭这些痛苦的力量。”

这其实就是当代心理学界主流认知学派的中心思想。从来就不是外在的人、事、物造成你的情绪，而是你对这些事件的主观解读和想法，是你根深蒂固的价值观与信念，是这些被笼统称为“想法／信念／意念”的念头，决定了你的感受。也因此，你在相当程度上能够主导并转换自己的“情绪”，即便仅是通过“理智”的层面。

现代心理学之父威廉·詹姆斯（Williams James）曾说过：“相信此生是值得过的，那么你的信念就会帮助你创造这个事实。”这句话一点也不假。而“我们这个时代最伟大的发现，便是人类可以借由改变想法的质量来改变人生的质量”。

秘密与吸引力法则近些年来大行其道，自有其道理。整个时代逐渐侧重的，是“意念”与“信念”的人类心灵力量。

从 ABC 模式看情绪调节

事件（A）→想法（B）→情绪（C）

由此概念架构来看，我们至少有三种方式能够改变并转换情绪。第一种方式是“改变 A”，也就是尝试去改变外在的人、事、物；第二种是“转换 B”，在多种可置换的想法中，选择一些让自己更有力量、更能产生正面感受的思想；第三种则是“调节 C”，即直接针对情绪做处理。

1. 改变“外在人、事、物 A”。

“外在人事物 A”分成三种：“不可改变的 A”“可改变的 A”与“介于两者之间的 A”。

“不可改变的 A”，例如亲人过世、高考落榜、车祸中摔断了腿并需要一阵子的复健等，是已发生且无法扭转的事实。因而我们根本上无法通过改变“不可改变的 A”来调节情绪，此时仅能借由

“转换B”或“调节C”来平抚心情。然而许多人却会沉溺在试图扭转A与争辩A该不该发生的状态里，徒然耗费许多能量，情绪依旧不得平缓。

“可改变的A”，像是考试成绩、体重、特定技能等，也许需要你一定的决心和努力，但确是操之在你。这个时候，若回避去改变“可改变的A”，只是徒然通过“转换B”或“调节C”来调整情绪，自我安慰，得过且过，终会有负面后果。例如你因为根本没念书而考不好，成绩出来却又为之沮丧，担忧自己不能毕业。此时你真正该做的是“问题解决”，改变“可改变的A”，而非仅是借由B和C来调节情绪。你当然可以一起进行，但此时借由B和C调节情绪的目的是使自己的状态更为平稳，从而更有利于“改变A”的行动的推展，而非试图回避A。

世上绝大多数的事情，则是“介于两者之间”。似乎可以有一些着力，但结果并非全然操之在此。挽回外遇的伴侣、向一个始终不爱自己的人求爱、在一家无法发挥自己天赋并有所贡献的公司工作等，皆属这样的情况。圣方济各有一则著名的祈祷文，便是在说明分辨事件A是否可改变的困难——他向神祈求：“神哪，请赐我力量平静地接受无法改变的事物，请赐我勇气改变可改变或应改变的事物，请赐我智慧分辨这两者。”

这确实需要智慧。当知晓不管你努力到什么程度A依旧无法转变时，该是“放下”的时刻了。在第三章我会告诉你，如何在关系里设立自己健康的界线，并能坚定执行。“停损”不仅在金融操作中是赢利的必需，在关系与生命里亦然；即便就灵性修持而言，保护自己离开某些病态的关系，依旧是你必须采取的世俗层面的行动。

整体来说，“改变A”是许多人错误投注心力的地方。“期待外界的人、事、物能有所不同，从而使自己的感受变好”，或者“认定外界的人、事、物需要为自己的情绪或状态负责”，这也就是“受害者”意识的由来。前面已说过，“从来就不是外在的人、事、物造成你的情绪”，而是你自己的“想法”——再更细致地区分，则是你知觉事件的方式、诠释事件的方式，以及对世界、他人与自己的深层信念，打造了你所在的地狱或天堂。

与其致力于改变他人（其实你无权这样做），或期待对方终有一日能够改变，如此“将你快乐的钥匙交予他人”，不如主动拿回这把钥匙。这些权力是你让渡出去的，自然也只有你才能将其取回。把焦点拉回自己身上。当你的情绪只与你的想法有关时，通过想法的厘清、调整、转化与超越，你便能够真正开始做你情绪与生命的主人。

2. 调节“情绪C”。

（1）以“情绪调节”取代“情绪管理”。

在此，我要先跳出来谈一下“情绪管理”本身的局限。过去我也曾在不同场合讲述“情绪管理”的主题，但这些年来越来越觉得，这并不是一个恰当的谈论情绪的概念。

当我们沿用“商业管理”的概念来处理情绪时，预设了“情绪”本身是一种需要被“管束”“控制”的事物。而众多情绪管理的方式，例如“转移注意力”、时常被误用的“正向思考”，细究起来，其实比较像是在回避情绪或抗拒情绪，忽略它、否定它、打压它，并且在未能充分倾听前便试图以其他想法取而代之等。

这种“管理”的思维，一方面并未尊重“情绪”本身的丰富内涵，另一方面则隐含有“崇尚理性而贬抑感性”的意味，即理性才是值得被追求的，低层且流动的情感、情绪，需要被冷静且高级的理性约束管制、妥当处理。事实上，理性与感性是同等重要的。“头脑掌控了一切”的生命，依旧是失衡的生命。真正的平衡是，头脑仅是适时、适度地发挥它的功能。因而，人们需要先去拥抱与倾听自身的情绪，继而适度“调节”或“引导”，“情绪调节”会比“情绪管理”更能贴近情绪的本质与疗愈的真义。

（2）“短期情绪纾解”无法真正化解情绪。

“短期情绪纾解”的方式，常常无法真正化解情绪，更遑论觉察痛苦的根源，了结未尽事宜。短期纾解多半只是暂时性的能量释放或转移。这些方式诸如埋首工作、看电视、吃东西、大量的睡眠、看书、看电影、唱歌、购物、运动、度假、喝酒、使用药物、来场短暂刺激的性爱等。

这些方式之所以产生短暂的效果，主要是由于你的“注意力”从让你伤心痛楚的事情上转移开来了，其次是某些活动本身能够促进与正向情绪有关的神经传导物质的分泌（例如食物、运动、性爱等），另外则有一种更为健康的状况，却较少发生，也就是这个“空当”使你补充了能量，有了新的心理与思考空间，从而“重新回来”探索并处理这些纠葛且强烈的感受，真正去探索及面对分手的伤心、亲人过世的痛苦等情绪的根源，使新的自我觉察和洞见有机会产生，继而真正化解这些情绪。

可惜的是，大多数人使用“短期情绪纾解”仅停留在“转移注意力”这个层面。对于生活中微小的不如意，或许暂时是可行的[5]；之于生命中重大的失落与创伤，却显然是不足的。

即便是微小的失落，当未被处理且总是被转移而累积了一定的量时，就像没有被关闭的计算机程序一样，即便未显露在任务栏（意识）上，其实仍旧占据着一定比例的内存空间，并影响整台计算机的运作效能。若是某一天，再有一个较大的失落发生，或者仅是一件微不足道的小事，可能便成为“压倒骆驼的最后一根稻草”，有些当事人猝不及防亦不知其所以然，就此沉落到生命的深渊里，爆发出中重度的忧郁和绝望感受。

然而，到底要如何真正地与情绪在一起？如何去感受它与观照它呢？

（3）感受你的情绪。

首先，你必须 “拿掉所有的批判与评价”（好或坏 / 糟糕、应该或不应该、坚强或软弱、聪明或愚蠢……），并且“放掉你的形象”。这些批判与对形象的顾忌，会使得你完全无法安然与你的情绪在一起，只会不断地从你的原始情绪中分心出来。

⑤一般人使用的“转移注意力”，与治疗中要当事人刻意去学习从事“诱发正向心情的活动”，是有些不同的，倘若当事人有过度沉溺于情绪中的情形，这是必须有的调节的一部分。两者的不同，在于“使用时机”“活动的选择”“与其他有效处理的搭配”等。

因而，你需要为自己找一个安全的地方与空间。

再者，你需要先厘清并解决你自己对于“去感受情绪的恐惧”与其他阻碍。例如担心太过痛苦而无法承受、恐惧这些感觉永无止境、害怕自己失控等。若需要，请受过训练的专业人士协助你。请记得，所有的感觉都是有止尽的，同时你可以自行调控去感受的步调与分量。允许感觉自然地流动浮现，那是很健康的，除非你曾经有过痛苦到自伤或伤人的行为，出现解离状态，或者虽努力尝试仍无法自行从情绪中脱离出来，那么，请为你自己求援。

此外，循序渐进地进行，一点一滴地增加你对情绪痛苦的忍耐程度，倡导辩证行为疗法（dialectical behavior therapy，简称DBT）的国际心理治疗大师玛莎·莱恩汉（Marsha M.Linehan），把它称作“情绪/痛苦耐受性”，是与“挫折耐受性”类似的概念。而倘若是对于情绪感受“高度敏感”的人[⑥]，则需要额外学习“忍耐情绪痛苦”的特定技巧。基本上，辩证行为疗法对于边缘性人格类型、高度情绪敏感、容易被

⑥对情绪感受“高度敏感”的人可能具备三种特性，分别是“低阈值”（微小或中性的刺激便能触发反应）、“高强度”（情绪反应较一般强烈），与“较长的恢复期”（例如从生气到恢复平静需要比一般更长的时间，也许数天或数周，情绪持续的时间较长）。整体而言，容易有情绪、情绪强度大、持续的时间长，三者具备其一，即是对情绪“高度敏感”。

情绪淹没的人，具有相当好的疗效，其所提供的教导与步骤，是清楚且实用的。

你需要理解情绪的来去，就如同潮水或波浪一般，不断有潮起与潮落的时刻。日复一日。当浪潮涌来的时候，你需要的是静观与如实接纳，赋予不带评价的纯然关注与留意；而当浪潮退去的时候，你则适时放手，不做强留。许多人会试图留住情绪，正面与负面感受皆然，通常有些特定原因[7]。然而，真正的“去感受”是，情绪来时，你不再尝试摆脱、抵抗、把它推开，也并不随顺着“反应”，仅仅是静观并包容其发生；情绪消退时，也不紧抓着不放、执意浸润在里面，甚至转而增强它，同样也是静观它的离开。

我们对于“情绪”所能有的决定，不在于它是否发生，或者何时发生、何时结束。情绪体现了“无常”，有所起伏是自然的。同时你也无法穷尽处理所有埋藏在你潜意识中的程序、非理性信念等。会触动或引发你情绪的原因很多。临床上有些长期情绪困扰的个案，服药多年效果依旧有限，通常都能从中发现，其对情绪有某些不合

⑦会想留住正面情绪，例如舍不得喜悦的时光就这么结束了，害怕再也感受不到这样的快乐。蓄意留住负面情绪，诸如有些人认为忧郁痛苦是比较有深度的，快乐是轻浮的、停留在某情绪里，用以回避另一种个人觉得更痛苦的情绪，用来报复与折腾他人等。

理的期待与目标设定。一方面，这些当事人虽深为情绪所苦，实则从未能真正去感受情绪，这些情绪因此也无从化解消融。另一方面，其多半会期待或努力于施加各种控制（包含某些回避策略），为的是“不让情绪产生”。例如有个年轻女孩，每日起床都会经历数十分钟到两小时的焦虑袭击，有时甚至达到恐慌程度，而那个启动的开关，多半是她开始“预期性地担忧”：“今天好漫长，我能不能控制好情绪不要跌宕起伏？”“要是在上课时间‘发作’了怎么办？会给大家造成困扰……”于是，她通常还来不及做些什么，就只是醒着，便耗尽了惊人的能量与心力在控制自己不要有情绪，结果自然是什么都没做就先累瘫了，或者勉力支撑住完成事情后，直接崩溃，再吃药躺床数天。

不需要去对“情绪的产生”施加控制或强行抵抗，那也不是你能够全然掌控的，聚焦于此只会徒然耗费你的生命能量，同时加强了情绪反扑的力道并延长它停留的时间。你真正能够掌控的，是如何“回应”涌起的情绪，使你既能领受其丰硕，发掘

⑧当动物与人类在面临威胁或可能死亡的情境时，会出现三种反应：“战斗”“逃跑”或“冻结”。“冻结”也是自我防御的一种方式，对于比较弱小的一方或者打和逃都不可行的时候，冻结反应是经常被使用的。一方面，狩猎者可能认为猎物已死亡而放弃，动物因而逃过一劫；另一方面，若在冻结状态下被杀，也通常没有死亡过程中可能感受到的惊恐和痛苦。而动物们在威胁解除后，都会有极其自然且重要的，释放冻结能量的本能反应，通常是剧烈的自发性震动、颤抖和特殊的呼吸方式，抖掉这些在紧急状况累积和上扬的能量。倘若在威胁解除后没有这个颤抖与特殊呼吸的过程，动物会死亡，而人类则是神经系统与身体不断地有反应，仿佛一直都还在受威胁的紧急情境中那般。

人类何以无法从冻结的状态中恢复呢？动物没有理智的头脑，不会考虑，就

只是依顺本能行动。但人类却会阻挡或评判本能的发生，由于从冻结状态中恢复可能是极度充满能量的体验，人们可能对自己释放时能量的强度与潜在的攻击性感到害怕，因而费力去压抑这个感觉与过程。未能全然释放的能量储存在神经系统中，便以创伤症状的形式出现。

内在深层的自我与力量，同时又不加重或延长痛苦的存续。你可以把它想成前述的浪潮、飘过天空的白云，或者就只是一股流经你的能量。你能做的最有帮助的事，是学习静观与承接，与它同在，再静观它的消退与离去。

（4）身体才是潜意识与情绪的大本营。

最后，我要简单再提一点，你的身体才是你潜意识与情绪的大本营。近年有许多关于“细胞记忆”的研究，发现记忆并非仅储存在于大脑里，而是可能储存于全身的每个细胞当中，也包括内脏器官的细胞。这些记忆，基本上是以“图像”形式储存的，本质上比较像一种能量，而非过去所以为的以生理组织的形态存在。因而，与情绪有关的大量记忆，部分是储存在身体细胞里的。

我们的身体蕴藏着与生俱来的智慧，你的每一个细胞都有促进平衡、疗愈及再生的本能。一些人因而致力于研究如何重新启动身体本就具有，却因某些因素被关闭了的疗愈机制。其中，在全世界推广“身体创伤工作”并荣获美国身体心理治疗协会终身成就奖的彼得·莱文（Peter A. Levine），便是通过 12 个步骤循序渐进地释放“冻结在身体中的能量”来有效地疗愈创伤[8]（见061–062页）。而这个过程，可以是不经过头脑，即不需要大量认知的处理；也不需要去回忆或记起该事件与其细节。只是必须开始与身体恢复连接，通过感受觉知进入“身体记忆”，学习身体语言及安全地释放这些在遭遇威胁时未被使用，却残留并卡在身体当中的生存能量。

我会倾向于认为，这是属于“调节C”的做法，通过释放冻结在身体中的能量，重新恢复受创者与自身身体的连接来直接处理创伤。而当那股冻结的能量能够开始流动释放时，你的情绪也就开始消融转变了。

上述有关情绪经验和释放的预备工作完成后，你便可以开启你的旅程了。

跳入老虎口中——如实感受你的情绪

首先，选择一个安静、不被打扰、让你觉得安全舒适的空间与时间，允许你本有的情绪自然地浮现。

通过“去感知身体”与“呼吸”这两个很重要的媒介，来协助自己维持观照整个过程的父性意识，保持觉知。例如当你感觉到一股深沉的哀伤时，试着去感受哀伤在身体的哪个部位，抑或去感受你的身体正有着什么样的反应：胸口灼热紧绷，胃部扭曲，喉头干涩紧缩，头皮发麻刺痛……找到你哀伤所在的那个部位，与它贴近同在，你甚至可以把手放在上面。你可以试着在心里用“语言”简单描绘，但重点是，全神贯注地感受它，与这个哀伤在一起。

允许你的感觉自然而然地开始浮现、流动，身体发热或发冷、眼泪滂沱而下、喉中发出声音、自发性地颤抖……都是自然的。依照你自己目前的“情绪耐受性”，来调节时间长短。可以是几十秒，也可以是数十分钟。

通过“呼吸”来保持你的观照意识并与它连接。吸气的时候，用你吸进来的气去碰触那个悲伤的身体部位，吐气的时候则在它的周围拓展出一个空间，允许它存在，让这个你拓出的空间温柔地包围着它。如此反复，直到你能好好地与这个情绪连接。

试着去倾听并理解你的情绪的内涵——“我沉浸在好深好深的哀伤里……我感觉被丢掉了……似乎我再怎么努力都得不到爱，我永远都会是最先被放弃的那一个……我好孤单，无所依靠的感觉让我好害怕……”随着内涵被你理解，你会有更多的情绪涌现而出，接着也许有更多、更深的理解。保持与它们在一起，温柔地承接与同在。让眼泪与呼吸都能够流动。

让情绪好好地释放一阵子，感觉到比较轻松了、哭过瘾了，接着可以调节你的呼吸。吸气的时候，用力地吸进你最大的包容与慈悲，吐气的时候，感觉你好像整个人浸润在这股庞大深厚的温柔与慈悲当中。反复数次，直到你静静地栖息在这股平静与关爱当中。

或者，你也可以通过“视觉化”你内在的母亲，充满力量与爱的存在，以你所渴望的方式抚慰此刻的你。例如你想象着自己温柔地被母亲拥入怀中，她告诉你：“××，我都了解，在这个过程中，我一直看着你也一直陪伴着你……我在这里……你不需要特别做些什么，我本就爱着你……”栖息在内在母亲的怀里，让她的低语进驻心里，直到你觉得被抚慰与平静下来。

你也可以像藏传佛教的灌顶仪式那般，想象一道在你头顶之上数厘米的白光，从头到脚浸润着你，在那白光之中，有着神圣的疗愈能量，滋养、慈悲和源源不绝的爱，进入你的身体并充盈着你。

当情绪能够被你自己这样感受并释放后，你便为自己清出了一个清明的空间，开始有机会去看到你痛苦的真正根源。

针对“疏离型——习惯与情绪保持距离且较难去感觉的人”的特别叮咛

对于习惯压抑，比较难去感受自身感觉的人而言，在上述方式之外，可能还需要借由以下几个重点来帮助自己。

1. 预备工作：需要先行处理多年来让你与自身情绪疏离至此的那些阻碍性想法、内在批判，以及对情绪或失控的恐惧。

2. 你更需要“循序渐进”。放缓速度，调小剂量，一点一滴地增加你的“情绪耐受性”，直到较为熟悉与情绪同在的感觉，能承受更多了，下次再往前进一点。

3. 你可能需要几种方式协助你自己接触内在的感受，这些“诱发情绪”的方式包括：

（1）回想或冥想。通过对事件的细节（人、事、时、地、物）回忆，例如在冥想中回到当时那所房子，周遭有什么样的摆设，温度如何，有谁在屋子里等，去贴近事件和感受。或者通过想象当事人的脸孔与表情，看着他的眼睛，去记起和连接自己当时的感觉。重点完全不在于事件的细节与经过，这些只是帮助你靠近那个状态，连接你曾经有过的明确且强烈的感受。当你找到那个情绪后，就可以把人、事、物抛开，转而专心聚焦在你的感受里，去体验、陪伴那个情绪。

(2) 身体。从“身体”连接你的情绪，你可以专注地去感受身体上紧绷、疼痛、酸、麻、闷、针刺感的部位，在很宁静的状态里去倾听，如果它会说话，它通过这个痛在说些什么？或是通过前述的“呼吸法”，去碰触这些部位，并拓展出空间允许它存在，而你倾听并同在。此外，“按摩”也是一种非常好的贴近身体与情绪的方式，你感到疼痛酸麻的那些部位，通常都蓄积了未能流动的能量与情绪在内。

（3）姿势。通过让身体刻意摆出某些“姿势”，从而诱发你的回忆与情绪。

（4）声音。对于某些连掉泪都很压抑安静的当事人，有时可借由吐气时刻意“发出声音”，从而更深地诱导出埋藏的情绪。

（5）味道。味道通常连接了许多记忆。可主动通过嗅闻某些气味帮助自己进入情绪。

针对“陷溺型——情绪多，且容易被情绪淹没的人”的特别叮咛

较严重的情形，仍是请你在专业的协助下进行。其余的，除了前述方式，你还必须加强以下几点。

1. 保持“觉知”，一份观照全局的意识，是不被情绪淹没的关键。你可以通过以下方式：

（1）将情绪聚焦在“身体的某一部位”，从而更好地保有意识。例如你的愤怒在你的胃部，这样的方式能帮助你认识到，情绪并不等同于你，它只是你的一部分，或者，只是一股短暂流经你的能量而已。

（2）通过在情绪涌来的同时，持续地辨认该情绪的内涵为何，并尝试以语言来描绘陈述时，你已经开启了重要的一步，即开始“离开”那个情绪。你不再与它融合，而是开始从外围一个比较宽广的角度来观察它。

（3）学习一些特定技能，协助自己在危急时刻能从被淹没的情绪当中立即回到当下。例如“安

心稳步技术”（grounding skills），通过将注意力拉回到身体的“五感”，刻意去感知周遭的环境与当下，从而由情绪中脱离出来。

（4）学习不对情绪做出任何“反应”。情绪并非真理，你不必依顺它而行动。你只是单纯地感受它与观察它。

2. 你需要限定自己充分感受情绪的时间。例如仅限定在一天当中的某个特定时刻，一次一小时等。只有在这个时刻，你才能让你自己全然专注在情绪上。其余时间，你得学习搁置情绪，将全数的注意力与感官都集中在眼前所从事的活动上。

3. 刻意锻炼你的“注意力”。百分之百地投入和参与你当下所做的事情。你需要尽你所能地用上你所有的技巧与专注，将你当下在做的事做到最好！

4. 特别去学习一些“与情绪反向的行为”，刻意去转变你过多的负面情绪。你需要找到适合自己的、能够有效转移你的心思的“短期正向活动”，同时找到并刻意去从事“能诱发你长期正向情绪”的活动与行为。

5. 在平日即进行一些冥想的练习，例如学习“扎根冥想”（grounding meditation），让你更能安住在身体内，并扎根在大地上。

3. 转换“想法 B”。

影响你极其深远的“核心信念”[9]，多半埋藏在潜意识里。通过情绪这样的窗口，你往往可以挖掘到你自己很重要的“核心信念”。当情绪能量部分被释放后，接下来你可以专注于对此部分的审视与修持。

⑨所谓“信念”，是比“想法”更让你深信不疑的那些观点。而“核心信念”，更是影响你待人处事、生活所有层面的重要价值观。

有一些想法，确实比另外一些想法更容易造成困扰的情绪。在此我要先说明一下，“困扰的情绪”并非指负面情绪，前面已经说过，这是自然且正常的情绪。一般我们所指称的“困扰情绪”指的都是“持续的时间太长”“强度过强”，或“影响的层面太广”，而非一段时间过后即逐渐消逝的负面情绪反应。这些较极端且造成重大困难的情绪的产生，多半与个体所持有的“非理性信念”或“扭曲的思考模式”有深切的关联。

在下一章里，我会以外遇中常见的几种情绪为例，简单地说明，当你自己的想法/信念有机会被你清楚觉察并仔细检验时，你便能够通过“重新框架”与“认知重建构”，全然转化、消融你的情绪。

多位心理工作者或疗愈者都曾提及，

有一些人很喜欢释放负面情绪，也很能在各种疗愈或灵修课程里大哭大叫，淋漓尽致地宣泄感受，却从来未能在这个过程里获得洞见与智慧。即便已为同样的事情哭上多次，这些人仍然认为，“自己的痛苦是别人的错”，依旧停留在批判与责怪他人的“受害者状态”。由于无法看清楚自己痛苦的根源，更无法意识到自己对此问题的责任，也就始终卡在这个阶段里走不出来。

当你如实感受并释放了情绪，重新拥有新的心理空间时，你需要回过头来仔细审视，你的那一部分是什么？你如何促成这样的事件发生在你生命中？你有什么样的缺点或弱点，致使你会进入与这个人的关系里？你的什么部分，让你会与朋友签下这个被骗的契约？或者，导致此次冲突？

通过问自己：“倘若生命中的每一个冲突或发生至少都有我一半的参与，那么，我的那一半是什么？”“我的什么样的缺点与弱点让我吸引了这样的事情，在我生命里造成这么大的痛苦？”你将会有深刻的知晓与洞见。

安全感的重建是创伤疗愈的基础

美国性与家庭暴力创伤研究的先驱学者之一朱迪思·赫尔曼（Judith Herman）认为，“被剥夺权力”和“与他人隔离”是心理创伤的核心经验，因此复原的任务会以“恢复受创者权力”和“建立新的健康关系”[10]为主。她表示，复原工作大致分3个阶段展开[11]：第一阶段最重要的工作便是“建立安全感”。第二阶段则是“哀悼”，你需要去哀悼“你失去的”，以及“你从未曾有机会拥有的”。后者听起来很奇怪，也时常被人们忽略，但却很重要。第三阶段是“与正常生活的再联系”。

即便10多年来对创伤的认识与研究有了长足的进展，甚至有些人开始认为，创伤本质上是一种伴随心理作用的过程，然而赫尔曼仍然很精确地捕捉到了创伤的心理特性，同时也提到了复原过程中重要的心理任务。治疗如何进行，则是另一层面的问题。

致力于临终疾病与悲伤研究的哈佛医学院教授威廉·沃登（J.William Worden）更进一步点出，悲伤辅导与治疗的过程中，有4个具体的“哀悼”任务，分别是“接受失落的事实”“经验悲伤的痛苦”“重新适应一个逝者（或分离者）不存在的环境”，以及“将情绪的活力重新投注在其

⑩新的关系必须是健康的，具备基本的信任、尊重、自主、认同和亲密，能够重建当事人被创伤经历损伤或扭曲的自我观感和心理机能。严重受创或儿时遭受依附创伤的当事人，经常是通过先与专业的治疗师建立起第一份安全信赖的关系，再将此种信赖与健康的关系模式拓展到生活中。

⑪这仅是一个方便的区分，而非必然的进程。创伤症状本就有摇摆不定和反复辩证的特性，因而复原多以螺旋方式前进。

他关系上”。而“重建生活安全感与规律”，则相当有助于哀悼历程的开展与四项重要任务的进行。

“安全感的重建”，是一切疗愈发生的基础。由于创伤是如此残酷地剥夺了人们的权力和控制感，复还这些权力与控制感便是复原的第一步。与此同时，受创者也必须是自己复原工作的发动者和仲裁者。除此之外，治疗无从开展。

个体内在与外在的“安全感”，是疗愈过程中不可或缺的地基。当地基没有打稳，或者不断地遭受撞击与晃动时，疗愈是不可能发生的。因此在外遇始终没有结束的婚姻里，若受创与外遇有关，则疗愈其实无从开展；暴力仍不断发生的关系里，复原亦颟顸难行。

此种安全感的建立，从最基本的“身体的安全”开始，包括保护身体免于受伤，基本生理需求的满足（例如规律饮食和均衡营养、充足且规律的睡眠、适度运动……），自我伤害行为的控制等。从身体再逐渐拓展到“环境的安全”，例如物理空间的安全、稳定的经济、免于二度伤害的支持性环境与关系等。当受创者开始能够对身体与环境感到安全、恢复部分控制力后，再进展到个体“内在安全感”的重建。

疗愈是独一无二的旅程

我上学时曾读过一段 Mark Wolynn（1986）的诗句，个人以为，那真是整个哀悼工作完成的典型描述。尽管哀悼历程其实并没有一个真正的尽头，但这首诗仍贴切地描绘出一个里程，平淡无奇的叙事里有着深远蕴藉（原谅我粗糙翻译如下）：

Tonight，I go into the grave yard.	今夜，我来到了墓地。
Where nothing is loose，not even God.	在那儿，所有的一切都是秩序井然的，即便上帝。
And under a few stars I shout out.	在星星零落的夜空下，我出声呐喊，
And wait，and shout again.	而后等待，接着再一次呐喊。
My joy insurmountable，as nothing.	我感到无法自矜的喜悦，
Nothing at all，return.	当没有任何一些什么，任何一些，再度回返。

对于受创者，那样的惊诧恐怕在于“无法自抑、自矜的喜悦”，回返墓地的当口，你总是预期着席卷而来的悲伤、思念、懊悔、激动、痛楚……甚至其他的一些什么，然而，回应你的却只有四周的平静，“没有任何一些什么，再度回返”。那是已然止息的、不再喧腾的悲伤。而这未必意味着受创者遗忘、丢弃或背弃了逝者，不如说是那已成为丰盈受创者生命的一部分，如今他携带着这些继续前进。

疗愈的完成，可以从以下几个简单实用的方面来审视。例如你已不介意再度提起；回忆这些过往事件时，内在并未有相应的情绪产生，或者已较初时淡薄了许多，抑或由深沉的痛楚哀伤转为遗憾；你同时能够看到并记得关系中的美好与不美好，而非过度侧重其中一端；此外，你能公平地看到双方的责任，同时愿意为你自己这部分负责。

若还想要去“证明自己”，证明自己也能得到爱，证明自己也可以过得很好，证明自己也能有很大的成功，抑或，想象有一天对方将会如何后悔放弃了自己……这些其实都是疗愈尚未完成的表现。想要与需要去“证明”的背后，仍是恐惧与匮乏，因为唯有在你自觉缺了什么的时候，你才需要去证明；也只有在你犹想获得他人或特定人士的肯定、认同与爱时，你才需要去证明。

未成熟的宽恕——不被允许存在的愤怒

我常常在当事人身上看到一种我称之为“未成熟的宽恕”的现象。例如，对于遭逢外遇的原配而言，其在配偶根本尚未能如实坦诚外遇、未结束外遇、未有真挚歉意并付诸行动弥补、未承诺参与关系修复的漫长历程之前，便迫不及待地想原谅，认定自己要宽恕与放下。或者是伴侣双方过快地想让外遇这场冲击时过境迁，其实都是很表面的，对关系而言，也未必是健康的现象。

“未成熟的宽恕”背后，经常是“无法感受或表达愤怒”的问题，东方社会的女性特别会有这种对健康表达愤怒的恐惧与怀疑，害怕自己内在存有这样的黑暗，更害怕让这样的黑暗展露出来，因而不断要自己宽恕、原谅。此外，便是对失去这段关系与被抛下的恐惧，致使其“一厢情愿地想原谅”。这从来就不是真正的宽恕与放下。

真正的宽恕发生在疗愈完成以后，并且是很自然就发生了。宽恕，就如同爱一般，只能是一种发生。当你的伤痛已被彻底疗愈之时，不再有痛楚，不再有恨，不再有遗憾，原谅自然也就来临了。就算对方从来不曾有过悔意、真挚的道歉或弥补⑫，宽恕依旧会发生。这一直是内在个人的事。

⑫对方的道歉与弥补，就个人内在层面与宽恕来说，其实一点也不重要。当疗愈真正发生之后，你不会因为错待你的人始终没能跟你道歉，或者已不在世上，而无法宽恕。然而，对此段关系的修复与和好，与这个人的再度亲近和重建信任来说，则攸关重大。

因而，你真正要致力的是自我疗愈，而不是过早且强求的宽恕。

最后，要强调的是，每一个人面对失落与伤痛的方式及复原之途的路径，仍是独特的。而有关创伤与失落的意义创造及转化，需要受创者主动搜索并寻找，因为每一个人的故事看似相近实则不尽相同。没有绝对的对或错、好与坏、优与劣，只有受创者与自己、与他人及与世界关系的重新调整。

03

直面外遇

这原来只是一个再普通不过的日子……转眼间却成为一场遥望不到终点、漆黑漫长的梦魇的开端。

一定是哪里弄错了。你是这么这么地努力，竭尽所能地经营这个家……谁的婚姻都可能有外遇，但怎么可能是你？

你克制不住地全身发抖。思绪如麻绳般搅成一团。胸口像煨着一团火，灼烫炙热，指尖却冰冷如弹珠。

谁来告诉我，这一切都不是真的，你祈求着。如果这是一场噩梦，老天，请让我快点醒来吧。

亲爱的，你没有疯

你有各种纷至沓来、强烈的情绪浪潮……那都是正常的。那也是“创伤事件”不同于“一般事件”的重要部分，创伤事件蕴含了一种特性，即“压倒了个体正常的调整能力”。原来对你来说轻而易举的事情，突然间变得费力、困难且易出错。最令人煎熬的是，还可能会持续好长一段时间①。

你也可能感受不到任何情绪。就像生物遭逢生命威胁时自行启动的保护机制一般，我们也叫作“冻结”，你所有的感觉

①对某些人来说，外遇更是某种“依附创伤”。所谓依附创伤，指的是在你最需要他人的关键时刻，却被你所爱、所依赖的人背叛或抛弃，也就是，伤害你的人和你寻求爱与支持的人是同一个。这是一种人与人之间情感连接的深刻冲击与破坏，不是每一个外遇事件都会形成依附创伤，但一旦形成，就是无法遮盖过去、假装不存在的，那会是伴侣治疗中期的一个重点。依附创伤不解决，会严重阻碍信任的重建与这段关系再亲密的可能。

暂时都被关闭了，你的心将你与潜在的巨大伤害隔离。若持续的时间太长，亲爱的，请你务必为自己寻求帮助。

你或许会想立刻与另一半当面对质，弄清楚事实为何、他怎能做出这样的事。绝大多数情况下，我都想请你先缓一缓，稍稍克制与按捺想同对方摊牌对质的冲动。你在情绪、思考如此激动且混乱的情况下，试图进行澄清与对谈，极有可能反会带来一些对亲密关系的伤害、对你自己的伤害，并使你处于较为不利的位置（例如确实有外遇的伴侣开始有所防备等）。因而，你首先需要做的，其实是平稳你自己。

首先平稳你的情绪，再思考相应的做法。

找个独处的空间，摊开你的日记本，或在街上独自走路同时思考，或联系你信赖的、独属于你的朋友，与他聊一聊。请注意，不是配偶的朋友，而是你的，若是两人共同的友人，请先确认，这个人能够为你保守秘密，且立场至少是中立的——这两者通常不是那么容易做到。借由特定方式抒发与平抚情绪，厘清你的思绪和意向。记得前一章提过的，对你内在孩子的关注与接纳，以及如何在一定得离开情绪时，例如有重要工作必须进行，通过相对健康的方式将自己抽离出来。

许多人在此时才赫然发觉，原来自己婚后竟与朋友疏远至此。特别是女性，逐渐以夫家和先生的人际圈为中心，眼前要找一个自己信赖且保持联系的朋友，还真不容易。你可以尝试恢复与旧交的情谊，往后用心维系。也可以暂时通过一个可信赖且足够专业的心理治疗师，借由个别咨询帮助你厘清混乱的思绪，用温柔且尊重的方式梳理你的情感，而后再共同商讨适切的危机处理方式。

这段时间，真的很不好过。若是某些时刻，眼泪涌上眼眶，那么就好好地哭几场吧。有些当事人“不允许自己哭泣”，总是强忍着悲伤，认为“哭是弱者的表现”“哭又不能解决问题”。别傻了，适度的哭泣当然有助于问题的解决，在情绪高涨的情况下，人的智能是会退化的。唯有回到平稳的情绪，你的思绪才能维持清明与弹性。

泪水，是上帝赐给人们的一个礼物，让每一个人的悲伤、哀痛和失落，有一个自然且健康的出口。而真正的强者，是能够明了每一个人都具备某些“脆弱性”的，不管是身体的，还是心理和灵性的。同时，与人的关系，越是亲近敞开，越有受伤的可能。“真正的坚强”需要通过看见、承认，并接纳自身的软弱与伤痕，甚至对此感到由衷的谦卑，继而才能有真正的抚慰及超越。“伪装的坚强”则是假装它们不存在，假装它们不曾发生，抑或是把过多的力气放在对外甚至对自己遮掩上：“嘿！我很好的，不用担心。我已经复原了！”所有这些都是未能去拥抱低层的自我。

请你给予自己这些情绪充分的空间吧。尝试去靠近与感受这些情绪，与你内在的自我对话及连接。

接下来的日子，需要你慎重地思索、决断与处理。亲爱的，你将会经受好一段时日的折腾与痛苦，然而只要你不回避，有一天你回过头来时将会清楚看见，这当中蕴含了多么丰盛的爱与恩典。尽管现在的你真的难以体会，在这漆黑漫长的旅程中，“爱”始终围绕在你周围，与你同在。

遭逢配偶外遇后的常见情绪

下面，我以自身的部分经验作为例子。并不是所有遭逢外遇的人都一定具备同样的情绪，或者在相同情绪里具备同样的内涵，也就是说，即使我们都感到哀伤，但让我们伤心的内容却可能有天渊之别。每一个人的关系都是独特的，无从也无须比较。随着事件的进展，情绪的内涵也会不断地转变。

我的感受与经验仅供参考，重要的是你。因此你完全可以先略过这个章节，仅仅去倾听并贴近你的情绪，通过这些喧嚷的情感更深刻地认识自己。你对自己内在的关注，便是给予你自己爱的开始。这些情绪，多半都有好些个转折。每回以为走到一个尽头了，在未预期之中，居然又翻转向上进入另外一个层次。因而在未看见之前，我并不知道原来可以有这么多的翻转与层次存在。

困惑——为什么是我

你一定要进入黑暗，才能展现你的光。

——黛比·福特 《黑暗，也是一种力量》

在《灵魂的 47 首歌》中，西尔维娅·布朗（Sylvia Browne）曾询问她的心灵导师蓝欣，为什么她必须经历这么多的人生地狱？蓝欣告诉她："要不然你如何同理这些人？更进一步帮助这些人？"

我是宝贝，毋庸置疑。
不管眼前这个人是否把我当成珍宝，
我至少都是一个人的宝贝，
这个人就是“自己”。

没有人比“自己”更了解我，
更清楚我在过程中的折腾，
更心疼我，更能无条件地爱我。

西尔维娅不解：“难道我不能通过阅读知道这些事情吗？”“不，”蓝欣肯定地说，“你必须体验它们。”

这是事情发生后，困扰我许久的一个问题：“我到底做了什么？你要这样对待我？”“我到底做错了什么，需要承受这些？”每一次心中涌现这样的困惑，我便与这个困惑在一起。很多时候发现，它背后其实是生活中的一些挫折。其实是我因为某些生活事件觉得“挫败”，我把它归咎于我需要独自一人照料孩子。无可否认，这或许有些实际的影响，然而总不会是全部。况且，我总是能够通过“将标准调降至合理的程度”来调节这个挫折，也就是说，我的痛苦根本上是我自己创造的，我设立了不切实际的标准，或者不切实际的达到目标的速度，从而创造了我的挫折。因此，这种“独自照料孩子”的不甘与愤怒，常是一种“生活挫败”的“转移”，用白话说就是“迁怒”，我转移了愤怒的对象。而每当我有所意识时，就能主动松开这个连接，直接且纯粹地专注于挫折本身，特别是相关的想法与感受。

直到两三年后，这样的困惑才慢慢地减弱了。到今天，答案好像没有那么重要了。虽然我已有了一些也许不是答案的知晓或诠释，但它其实也没有那么重要。不过如果你好奇的话，我很愿意与你分享。

1. 这一切都是我的责任，我自己创造的。

首先，我理解“这一切都是我的责任”。就像詹姆斯·奥瑟·雷所说的：“每一件出现在我世界中的事，都是我自己创造的，每一件事都是。”

事情刚发生的那一年，如果有人这样跟我说，我铁定跟他翻脸。

当时的我认为，“关系结束”虽是两方都有责任，然而“外遇行为”本身，却全然是外遇者个人的问题。一方面是由于对许多人而言，这是个“惯性”；另一方面，身处同样的关系，承受相近的张力与痛苦，非外遇的一方却并非采取“与他人上床”的方式，来回应婚姻中的冲突与尚未能找到平衡的部分。因此我会认为，这与责难遭受性侵害者穿得太性感是一样的，是对受伤害者极不公平的“再责备”，即我们所说的“二度伤害”。

然而，这件发生在我生命中的重大事件，却实实在在是我自己创造的，许多层面都是。就最浅显的那一面而言，这个人，我的前伴侣，是“我”选择与他进入关系、成为配偶的。我在什么样的状态下会被当时的他触动？是受到他身上何种特质的吸引？当时的我怀抱着什么样的动机进入这段关系？是否因为欠缺抑或试图回避什么，而选择投入爱情，并期待通过爱情来“满足”一些什么？而我又怀抱着什么样的意图决定结婚？此外，为什么我会选择“相信”他所说的某些话，“相信”他对外呈现的某些方面，而不是“信赖”自己在某些瞬间“内心所感觉到的事物”？

这些都只跟我当时的“生理—心理—灵性的状态”②（见085页）“（生命中所有）关系的质量”③（见085页），以及正在主导的“内在的渴求”有关。

即便外遇发生，关系也结束了，我在过程中感受到的心碎、受伤、愤怒等各式情绪，某种程度上也是我自己创造的。你为什么会如此伤心？记得吗，亲爱的，不是外遇行为让你伤心，而是你对这件事的解读、想法，你埋藏在其中的价值观与需求，让你伤心。

结束婚姻之后，生活的质量、经济能力的高低（我赚钱能力的高低，难道不是我自己该负责的？）、能够得到的人际支持与资源、喜乐与否、与孩子的关系，都是我自己创造的。

2. 选择相信“任何事情的发生必有其目的，并有助于你”。

有一种对生命的观点是这样的，“无论发生什么事，那都是一定会发生的事”，“每一件发生在你身上的事，都是来为你服务的，并且一直以来都是如此”。

这个观点所要传达的意思是，所有发生的事，都是必须发生的。你其实无法真的做些什么来阻止它的发生，抑或改变它的结果。而每一件这样的事，都有深刻的内涵，也许是为了让你能够成为更好的你，成为更宁静喜悦、更慈悲的存在。

姑且不论其他，单就理性的立场来分析，采取这样的观点自有它不可磨灭的好处，也能促进复原的历程。当你“选择”这样看待生命中的许多事物时，比较不容易沉溺于懊悔、遗憾、痛苦等情绪里，抑或为否认、抗拒、不断反刍[4]等徒然耗费心

②确实有生理因素，不要怀疑，当时的我处在一个“基因最想复制自己”的时刻，而潜意识层面中是“基因”在引导着“情感”。对方则是一个具有资源的男性。

③生命中的关系，包含“与自己的关系”“与家人的关系”“与他人”和“与世界”的关系。

④即便事件早已结束，仍不断在心里反复思考、播放，试图找到原因以期未来能够“控制/预防”其不再发生。反刍（rumination），是与忧郁和焦虑情绪相关度极高的一种认知形态。

神。持有这样的观点，将促使人们更快地“接纳现状”，接受事情已发生且隐藏着深刻意义与恩典，继而将珍贵的能量用来“创造（探寻）意义”与重建生活。

不管事件发生的真正原因为何，你都可以选择相信“任何事情的发生必有其目的，并且有助于你”的信念。在此，我用“选择相信”，是因为在众多可供选择的信念当中，这确实是一种理性评估过后有效且有力的观点。即便此“先验假设”本不为真，持有这样的信念，并且坚定地据此行动，却有极大可能促使它成真。就某种层面而言，事件的“意义”本身，其实都是个体“创造”出来的。

“因果论”与“业力说”其实也有类似的好处，让人们心悦诚服地接纳现状，节省气力，从而转向当下，开启善因、善业的播种。

“经验”本身就是生命的目的，不是其他，就是“经验”本身。人们沉溺于追求人为定义的“结果”，例如，“结婚”就是这段感情“有结果”，离婚或未走入婚姻的，就是“没有结果”，不值一哂。穷尽毕生精力追求这些“名义上的结果”，以此相互比较，再花费许多努力试图保有／维持这些结果，恐惧着得到后的失去……其实都已远离生命与生活的真义了。

就关系而言，“永远在一起”“永远不分离”“永远不放弃”，是一种很奇怪的目的。这样的渴望与追求毋宁是一种执着。如同另一位生命导师所言，“大多数的关系（无论是不是爱情）都不见得能够维系终身，但却绝对有助于成长”。这样的经验与过程本身，就是目的，别无其他。

愤怒与恨——你怎么能这样对我

愤怒底下，经常会是其他埋藏得较深的情绪。多半是很深的“伤心”，有时则是“恐惧”[5]。“恐惧”与“伤心”隐晦地掩盖在“愤怒”之下。某一些人，例如我自己，愤怒常是外显且第一时间出现的情绪，失落与哀伤则隐匿在后，通常都需要先处理外层的愤怒，内在的伤痛才能更进一步浮现。另一些人，长期地低落、悲伤，沉溺在自我耗弱的忧郁情绪里走不出来，这些哀伤背后，时常有着当事人无法如实体验甚至“不允许其存在”的强大愤怒，受到儒家文化熏陶的人们与恪守传统价值的女性，尤其会有感受和表达愤怒的困难。你需要理解的是，这些愤怒若不被自己看到与承接，终究会扭曲成其他病态，忧郁也无从消融。

⑤例如孩子走失时被恐惧席卷的父母，在孩子安然出现后，可能生气地甩他一巴掌，同时怒声斥责：“你乱跑去哪里了！你知不知道大家都在找你！”父母其实是恐惧的，但却以愤怒的形式展现。

愤怒之下两种情绪的觉察与表达同等重要。外显的情绪优先获得理解后，再往内贴近更深层的情绪。

例如我自己，对“谎言与欺骗”的强大愤怒底下，一部分是深切的伤心，另一部分则是很不容易被我自己看见的“恐惧”和“无助”。我之所以对朋友与伴侣的“欺骗”或“无法诚实／无法说真话”感到如此愤怒，是因为“我恐惧我无法承受，或者可能会有我无法承担的巨大损失”“我担心自己无法在每一时刻都能很好地区辨真实或谎言，因而期待他人自行诚实，那么就不需我如此费力辨识了”。而当我能够清楚地看到底下的“恐惧”时，我立即明白，这是一种非理性的想法和期待，与事实不符。也就是说，绝大多数的欺骗，其实都是我能够承受的，随着我更加成熟、能力提升，我能够承受的范围也随之扩展。而倘若再度发生一个情感层面重大的欺骗，那么，必定也有一个很好且很重要的人生课题蕴含在内。如此，还有什么好怕的呢？

1. 与愤怒相关联的非理性信念：“应该”或“不应该”。

“你怎么可以这样对待一个你口口声声说爱的人？”

“我不懂你为什么要这样去伤害他人？不懂你怎能为了满足自己的私欲，不顾及他人的权益与心情？”

其实，“他为什么可以……”这类问题，答案都很清楚，就是“他真的可以，他也确实做了”。你“办不到”、你“认为”不可以、你“期待”别人不要……，都是“你”——你的状态、你的观点、你放在对方身上的期待，而非“他”——他的真实、他对自己的期许与要求。就是这么简单。

这里面，无疑都埋藏着你深层的价值观与期待，你认为自己／世界／他人“应该”是什么样子的。以上述两个例子来说，隐藏在后的“核心非理性信念”可能是，“如果你真的爱我，你就‘应该’……

如何这般地对待我”，以及“人‘不应该’为了满足自己的欲望而不顾及他人感受或福祉”。

只要是含有“应该/不应该”的信念，几乎可以说都是“非理性的”，仔细寻找、论证，多半会发现并没有任何证据支持其必须存在。它们通常会是“如果能这样……世界会更好”“如果能这样……对彼此都有利，或长远来看是有益的”，但实际上并无证据支持现实就应该、必须如此。你只能说这样很好，符合理性与逻辑推断的最大好处，是有智慧的做法，却远非人人都得、都愿意或正在遵从着的现实。

与其不断萦思“他为何如此”“他应不应该如此”，不如把焦点拉回到“何以他如此会引发你内在这样大的痛苦或愤怒”“你如何替自己创造了这个情绪”，以及前一章所陈述的“你有什么缺点和弱点，促成了这件事的发生”。

2. 原来，我与他是一样的。

我的愤怒真正且彻底地消融，是在三年后参与某一次团体的疗愈里。在团体过程中，我震惊地发现，“原来，我与他是一样的”。

我如此愤怒于他对我的背信与欺骗，我纳闷何以一个人能这样去欺骗另外一个人。我觉得不公平，因为我不会这样对待他人，特别是我允诺要去爱的人！然而，当我往自己的内在看进去，我却看到一样的事实……我看到，与他在一起的这些年来，我不断地、一次又一次地，背叛一个人。这个人，就是“我自己”。

我不断地背叛自己。我并不听信自己内在的感受与直觉。当直觉沉静地低语时，当某些隐微且不安的情绪升起时，我也许选择了

“忽略”，也许转而“斥责自己”，到后来，甚至在许多事情的判断上我都开始对自己产生了怀疑。

他不尊重我，看不到我的需要，无法爱我。而我又何尝不然？我同样也不尊重自己，不去看自己的需要，不爱惜自己，因而我让自己持续接受如此的对待与关系。

他有他做得很好、格外用心负责的某些事情，但在另一些事情上，例如特定的承诺或约定，却无法践履。而我又何尝不然？某些事情，我学习着、挣扎着，要更能承担。更重要的，是我自己的生命、生活、幸福与快乐，过去的我不都把其交托给前伴侣？也许不是全部，但确实是期待着，通过他让我能够拥有更丰盛的物质生活、更宽广的生活体验、被爱与被重视的感觉……而不是自己学着为自己做这些事，去寻获自己的丰硕与幸福。

那些时期尚未成熟的他有极大的表里不一。一部分的他是认真进取、工作忙碌、照顾妻儿的男人，另一部分的他则于生活的间隙里，通过和女性的暧昧获取刺激、压力释放、征服感等其他满足。

而我，不是这样的不一致。我的不一致在于，我总习惯性地将自己隐藏得很深，尽管我并非蓄意欺骗，也不欲以伤害／侵占他人权益的方式来谋求自身的满足，但我对外的呈现确实是矛盾且容易被误解的。外在的温和柔顺，与内在的坚定刚烈；外在的微笑倾听，与内在的自有看法；外显的理智坚强，与独自一人时才允许流露的强烈情绪及脆弱。最令我惊诧的是，我一直以为，相较于许多人，我已经算是相当内外一致的，基本上是真诚的，直到那个时候，我才清楚看到，我隐藏起来的部分，远比我愿意显露出来的多得多，这未必不对，只是确实造成误解。我的前伴侣，他以营造一个“比真实的自己更好”的形象来寻求社会认可及赞许，而我的保留何尝不也是一种“讨好”？我也在寻求不被群体拒绝，寻求社会的接纳与认同。

我并不像初时我所以为的，比他高等，比他善良，比他拥有更多的光与爱。在内在的某一块，我们都是一样的，我们都渴望着他人的接纳和认可，也都经历过同样的煎熬、冲突、贪婪与被诱惑的过程——那是人性的黑暗。每一个人都是一样的。

3. 我向你内在的神性致敬。

这几年来，我学到两种方式来回应这种人性的黑暗。

早期，当愤怒尚未能全然化解，而我仍然必须持续地与前伴侣互动时，我会在心里虔敬地想着：“我向你内在的神性致敬。”

这是印度人打招呼的方式。他们不说“你好”或“早安”，而是崇敬地表示“我向你内在的神性致敬”。无论眼前这个人如何被黑暗遮蔽着，我始终深信，他内在最深处仍有神性的存在。

神话学大师坎伯（Cambus）曾说：“我们经历的岁月杀害了我们心中的某种东西，而这样的东西正是人类固有对自己的信心，相信只要他对另一个人用共通的人性语言诉说，他永远会得到人性的回响……”过去这种对人性回响的预期，使我沉溺在这段关系里无法走出。而今日，与之相反，我学会了“不去预期”我会得到什么样的良善回应，我不再希冀从他那边获得什么。然而我也不想“以怨报怨”，这基本上只跟我自己有关，也就是“我希望自己能够拥有什么样的处世原则与存在状态”，因此无论他真实的状态为何、对我的态度为何，我都不想用恶劣的方式“回应”他人的黑暗。

4. 拥抱与觉察我还没有迎接回来的特质。

我从一位前导身上学到一种很好的觉察方式。每当批判的想法升起时，便在后面加上一句：“就跟我一样。”

她是这么说的：“当你看见某人，且对他有所批判时，要知道那是因为你没有接纳你内在也有的相同本质。”这其实便是荣格所谈论的“阴影”，你所强烈地妒羡或厌恶的那些他人身上的特质，其实都存在于你身上，都是你自己尚未能觉察并且尚未能迎接回来的那些部分。

“……当我批评某人时，不管因为什么而批评他，比方说我觉得这个人控制欲很强，我都会加一句‘就跟我一样’。这会迫使我看进内在，去看看发生了什么，进而带来强烈的内在诚信。”

是的，你会这么地厌恶，有这样强烈的情绪，是因为你内在也有同样的本质。否则它的存在不会对你造成这样的影响。同样地，你会如此深受某个人的某些特质的吸引，也是因为你内在拥有同样的本质，它却未能被你自己看见，并充分地滋养、发展。

通过这个方式，去拥抱与觉察所有你还没有迎接回来的特质。

悲伤——失去爱，失去家，我看不到未来

我很难描述那种悲伤的深沉与广袤。很深、很深、很深的伤心，仿佛沉在河流的最底层，泪水止不住地流，胸口灼烫，从内心深处发出的声音喑哑粗嘎……一度我深切怀疑着，这样的悲伤是否会有

走到尽头的那一天？某一次在陪伴自己彻底经历了两小时如飓风大浪般不断席卷而来、眼泪鼻涕滂沱而下的伤心痛楚后，一个念头突然浮现：天哪，这到底是几辈子的哀伤啊？即便是这样的哀伤，也确实有止尽。伤心的同时，我也始终在给自己爱。因而隔日，是风雨过后的澄澈与明晰，清出的内在空间让爱与光得以满溢，我感到深沉的平静与由内在自然涌现的对每一个人的爱和温柔。

结束婚姻后很长一段时间，除了我为自己寻找的个别咨询师以外，我无法与家人、朋友们谈论这些事情。那些感受与经历过的所有事情，碎成片片，我感到很难有组织且清楚地传达我感受到的一切……而后我才想起，这不就是创伤的表现吗？“无法言宣”正是创伤事件的一个显著特质，所有这些记忆、感受、影像、声音……几乎是断裂且破碎的（那种连续的自我感也被打断），每一块碎片却又携带着如此强大的情绪负荷与痛苦，反复在那里叫嚣喧腾，却远没有任何语言文字可供清楚述说。

我的悲伤，主要在于“爱的消逝”与“家的失去”“未来梦想的失去”。我扎扎实实地体会到“无常”，缘生缘灭，再怎样热烈浪漫盟誓一生的爱，都会有消退的那一天。包括我与孩子的强烈情感，都不是永恒的。缘分结束的那一天，便会终止。对于那样的悲伤，只有去“感受”，别无他法。拿掉评价、批判，放下分析与诠释，就只是单纯地领受、进入与体验。在那最深的哀伤里，痛苦将会逐渐地转化成喜悦与宁静。

此外，我也主动去哀悼我诸多的失落，特别是梦想的失落。通过完形的视觉图像运用，我清楚看到我的梦，以及去感受梦碎裂了一地的哀伤。我的伴侣其实从来就不必替我加诸在他身上的梦想或期待负责。那些都是“我”的，跟他没有关联。悲伤的后面埋藏了恐惧，或者说，与恐惧交融。我清晰地意识到，自己切断了与内在某些女性部分的联系，特别是与作为一个性感美丽的女人有关的那些层面。我变得害怕让自己的性魅力与性能量自在地流动展现，害怕太过美丽、色彩缤纷、引人注目，抗拒敞开与柔软，我于是知道那是我还没有疗愈完全与迎接回来的一块。我尊重自己的速度，也去感觉这个层面的细微变化，当某些渴望在产生、能量逐渐复苏时，我知道，是时候去更进一步地靠近“她”了。

诚如婚姻治疗师大卫·里秋所说的：“我们乐意处理、包扎（自己）伤口的意愿，让我们有能力温柔地回应别人的伤痛。一旦我们发觉自己受伤，我们决不会用别人伤害我们的方式去伤害别人。”奇妙的是，对世界、他人与自己的爱，也是从伤痛里自然涌现与“发生”的。爱，是一种发生，无从设计与培养。

羡慕或嫉妒——“他们”怎么可以过得这么好

嫉妒，是比“羡慕”强度更强的情绪，它携带了来自你内在的重要的信息。它其实依旧与“被你嫉妒的对象”无关，基本上它只是忠实地反映了你内在的渴望与匮乏而已。

常听到的嫉妒有：“他们两人凭什么可以过得这么好？”“为什么他可以立刻跟下一个人交往，不需要经历我正在经历的痛苦？”“我得辛辛苦苦地照料小孩，他却可以享受仿佛单身的自由？

不管是全力冲刺事业，或者谈恋爱都是。”

这些嫉妒，同样与对方无关，只与“你的匮乏”有关。当你能够很清楚地看到其内涵时，它们很快就会消散。想象一下，如果你能过得幸福快乐，感觉到被深深爱着，带着孩子的生活游刃有余、平衡愉快，前伴侣与第三者（或任何新恋人）好或不好，还会对你有任何影响吗？因而关键是，你嫉妒的对象拥有你所渴欲却犹未能获得的事物。嫉妒同样有“你尚未迎接回来的、自己身上的特质与潜能”，而请你深深记住，“凡是你所强烈渴望的，你其实都具备了获得与完成的潜能”。

与其把时间和目光放在他人拥有的事物上，不如回到自己的匮乏，专注于发展自己的能力与潜质，让自己日益趋近渴求的事物与状态。在此例上，显然是爱的匮乏，伴有伤痛的未愈。你相信吗？当你开始给予自己大量的爱、陪伴，并温柔地疗伤（依旧不是往外求）时，你的内在与外在生活都将越来越丰盛，并充满着爱，伤口也会日益愈合。有一天，即便你仍单身，也将不再对幸福的恋人感到任何妒羡或恼怒，反倒能衷心地与他们一同快乐。

“羡慕”与“嫉妒”都是很好的觉察契机，让你意识到内在的匮乏与渴望，也看进自身的黑暗，让你在温柔承接的同时，也去思索如何以健康的方式来满足这个匮乏。

在此例上，不需要嫉妒第三者的另一个很实际的理由是，外遇者与第三者的关系，大多数埋藏了很多问题。亲密关系原就不容易，当一段关系的开启在许多重要层面都是建立在“谎言和欺瞒”上面时，可预见的是，其将更为艰辛。由于真实且多方面的深入认识，这样的前提并不存在，这也表示，热恋的两人爱上的多半是“自己对对方的投射与想象”，而那是非常虚幻的，通常在很大程度上是执着而非真爱。真爱需要建立在彼此的真诚与尊重上，看到对方的真实，也让对方看到自己的真实。

即便外遇者对自身婚配未有隐瞒，然而，“处在什么样状态的人”会选择进入对方已有伴侣或孩子的关系里？除开那种原配一开始即同意“一对多”的婚姻，其余仍得“共谋”瞒骗重要关系人与弱小的孩子们而进行的恋情，为满足自己不惜伤害／侵占他人，本质上都是欠缺爱的。无论如何以“爱”为名，底蕴皆非“爱自己”或“爱对方”。对爱饥渴与匮乏到某种程度的人们，被心中空乏的大洞驱使着强占豪夺，不论是否形成伤害或对他人的剥夺。

爱，无法在你极度匮乏时发生，也无法通过一个你以外的爱人来填补。有趣的是，当你处于缺乏爱的状态时，你感觉到你爱上的与似乎爱上你的，也都会是缺乏爱的人，与你同样嗷嗷待哺且其实无法给予的人，虽然最初看来像是充满爱的——外遇中的两人因而是贫瘠而可怜的。

此外，关系是有阶段性的，热恋期总会过去[6]（见097页），紧接其后的仍是磨合、冲突、热情的消退、缺点的浮现、现实生活的问题。外遇的伴侣，前一次是以“发展新的关系”来取代中后期必要的努力，而这一次呢？

没有完成的课题会重复出现。选择逃入新的感情里，也意味着前伴侣过去并未好好地做这些功课。它终会在未来，在新的关系里，以相同或不同的形式再度浮现。

倘若真有那么一个微小的可能，在经历了许多磨难后，这两人更为坚定相爱，继续在一起。那么，在处理了也许会有的短暂失落与其他感受后，对于我曾真心相待的这个人，我也能够为他感到高兴。他终于学会了好好安定在一段关系里，好好地去爱人，为这个世界添一段美好。我也绝对会感谢我自己，我的“放手”促成了这份美好。更重要的是，这样的美好与情感也同样是我能为自己创造的。

⑥只要原配别过于阻挠，弄巧成拙地延长双方的热恋期——与情欲、依恋有关的神经传导素的自然分泌和消退时期，这段感情自然会开始浮现经营关系本来就具有的困难。

所以，请你，放下他们，回到自己。

有些人会认为：“他们的幸福是我和孩子们的幸福换来的！”“他们的快乐建筑在我的痛苦之上。”若你阅读了前面两章，仍有这样的想法，请你再回头重新读过。事实是，你希望你以外的他人为你的幸福快乐负责。推诿卸责的人，是你。

没有任何一个人需要为你做这件事，也没有任何一个人能够为你做这件事。无论你在围城里还是围城外，都只有你，才能创造你自己的喜乐与幸福。

恐惧、害怕——我办不到，这实在是太可怕了

不论你相信自己能做什么，不能做什么，你都是对的。

——亨利·福特

绝大多数恐惧与焦虑都是人类头脑的产物。头脑创造了这些恐惧，并且在许多层面夸张、强化了它们，例如常见的“预期性焦虑”与“灾难化想法”，前者是对尚未发生的事情提前担忧（你永远可以想出足够你担心的几万件事情来），后者则是夸大了某情况的严重性与影响层面。以婚姻为例，前者诸如“如果我离开了这个人，就再也找不到另外一个人来爱我”，后者则好比“若没有一个男人或女人爱我，我就会孤单凄凉一生”。

克服恐惧最好的方式，首先是“辨认出它的存在，看清楚它是什么”；继而是“承认、接受”我就是害怕，允许这个害怕存在，若你能够，则以呼吸、爱与慈悲围绕着它；最后则是“反其道而行”，不是消除恐惧，等待害怕全然消融才行动，而是带着恐惧去做那件让你膝盖发抖的事。沃伦·巴菲特早年曾参与一些有关公众演讲的训练课程，他是这么说的：“我参加这些课程的目的并非期望我上台演讲时脚不发抖，而是期望我即使脚抖个不停还是能够站在台上继续把它讲完。”

带着恐惧行动，是消除恐惧最有效的方法。你所恐惧的事物，威力最强大的时候，其实都是你逃避不去面对的那些时刻，你以你的想象将它喂养得无比庞大。当你把全部心力用在做出这个反向新

行为所需要的一切努力与技巧时，你将不再有喂养这个恐惧的余裕与时间，其自然消解成“你足可承受的大小”。

是的，亲爱的，把这句话随身携带着，“我能承受”。无论发生什么，你都禁受得住。

无法结束一段早该结束的关系，有许多原因。包含对爱的误解、对双方关系的误解、把对方的问题解读成自己的问题（例如对方很孤单，自己不能丢下他）、习惯性无助⑦、这种关系模式是你从小就熟悉的等。其中最常见的，是对结束婚姻的恐惧，以及与此相关联的、舍不得放弃伴随婚姻关系而来的诸多利益，而这样的“贪”后面，其实也是恐惧，恐惧着若离开了此伴侣，这些好处再也不复得，因而煎熬迟疑着不愿放手。

对不确定的害怕，致使许多人宁可留在不快乐甚至具有伤害性的婚姻里。常见的与结束婚姻有关的恐惧诸如：

• 对谋求经济独立的害怕。

• 害怕再也遇不到另一个爱我的人。

• 恐惧面对自己借由“关系／婚姻”逃避的问题，恐惧面对真正的自己。

⑦试图改变对方行为所隐含的巨大风险，即“不断让自己感受到无助”，最终“习惯了无助”。由于对方行为（例如外遇行为）的掌控权永远不在你身上，这就像发动电击的掌控权永远在实验者而非老鼠身上一样，你必然感受到无助与无力。而当你让自己停留在那样的状态中越久，会开始误以为，你在其他层面也同样无助。你会越来越看不到自己其实具有的力量和选择。

- 恐惧独自养育孩子。
- 恐惧独自生活。
- 恐惧孤单。
- 恐惧自我价值的失落。
- 对分离本身的恐惧。
- 害怕他人的评价。

这里，曾经也有一些是我害怕的事物。然而现在，每一项都更好了，并且是我从未能想象到的丰盛富足。本书一部分就是在分享它如何发生。而带着恐惧行动，是最为必要的一步。

羞愧——我是个失败者，别人会怎么看我

“羞愧”是一种含有评价的复合情绪。与“罪恶感”一样，已非原始情绪。不是去感受这些带有指责的情绪，而是需要你仔细地辨认并厘清它的内涵，找到它非理性的成分，再做出相应的调整。

伴侣外遇或离婚，那似乎意味着“我是个失败者”。我的婚姻失败了，脸上无光、没面子、很丢脸，简直是奇耻大辱。虽然我个人不这样想，但我知道许多当事人心底深处是这样看待自己与婚姻的结束的。曾有当事人直言：“我感觉自己就是个失败者，我不甘心做一个输家，把老公拱手让人。”

1. 从坦然接受“离婚就是失败”，到超越“成功—失败”的二元观点。

“二元观点”是现今世上许多问题的源头。把许多事物区分成

“白—黑”“对—错”“好—坏”“成功—失败”“赢—输”“美—丑”“自己人—外人”“正面情绪—负面情绪”，然后渴求好的，抗拒坏的。对好的感到满意、胜出、高人一等，对坏的则觉得羞耻、罪恶。

“成功”与“失败”的判定，便属此种二元性的游戏。你可以从根本上跳出这样的区分，拿掉好与坏的评断，接纳一切事物都是中性的，或本质上是神圣的，蕴含无限的可能；或在二元架构下翻转“成功—失败”的定义。而即便前两种对目前的你而言都相当困难，在自囿于社会建构的“成功—失败”的判定当中，你仍然有其他可选择的“有效”想法。

倘若你定义“离婚就是失败”，那么，最好的做法就是，坦然接受“失败”吧。人们总在跌跌撞撞中学习与成长，“失败”与“犯错”是必经的过程，其本身自然并不可耻。“失败”与“犯错”意味着“你至少尝试过了”，甚至可能竭尽你所知与当时所能，尽管结果不如预期，但有这样的尝试与尽力，本身便已足够。

此外，“失败”往往是比“成功”更优秀的老师。你从“失败”中所能学习到的事物，远比“成功”要多上许多。

从另一个角度来看，情感上经历了挫败，并不表示你一无可取，或者整个人生都是失败的。在认知学派里，这叫作“过度推论”，是一种认知形式的偏误及扭曲。这段婚姻的经营，只是你生活里的某个区块。你在工作上的努力与累积，你独自打理自己生活的能力，你解决问题与适应变化的能耐，你和同事、朋友的情谊，与家人相互扶持的点点滴滴……凡此种种都是你持续在经营与累积的事务。

因而，这段感情不足以界定你；这段感情的结束也不表示“你就是个失败者”。若你实在很想要抱着“失败”这个标签与评判不放，你最多也只能说，在爱情这个领域中，在“与这个人共同经营的这段婚姻”上，我失败了。未来 10 年，你未必不会成长到能够遇见与经营一段更健康的关系，因此，你最多也只能说，我“目前”“在亲密关系这个领域”中的“这段关系”是失败的。

倘若这些年来，这段感情逐渐成为你的全部，那么，这会是一个很好的提醒与转折点：你怎么会让情况演变至此？对此刻的你最重要的，不是挽回或发展另一段取代的关系，而是重新寻回自己，重建生活与所有关系的均衡。

2. 别人会怎么看我?

别人会怎么看你，其实那一点儿都不重要。比那更重要的是，你如何看待自己，以及你身处的状况；你如何看待你的婚姻因为伴侣的外遇行为而濒临瓦解；你如何看待你自己离婚带着孩子独自生活。

很多时候，他人如何看待你，其实是依据“你如何看待自己”而来的。也就是说，你的朋友们其实也不知道该如何解读这个状况。许多人根本未曾经历过你正在经历的，实际上也无法全面了解每一件发生在你身上的事；即便同样都是“遭逢外遇”，每一个人的经历仍是独特的。因而他们只好依据你的反应来做出反应。如果你认为，“自己做了一个艰难但正确的决定”，“自己很幸运才能够离开这段具有虐待性的关系”，那些爱你的家人朋友，也就会这样去诠释这段经历。就算不尽然，也不重要。是你在过你的生活，不是那些评判你的家伙。

你可以借用一点神经语言程序学的技巧，把这些当成难看又嘈杂的电视频道，然后想象手拿一支遥控器，看你是想换个频道或切成静音都可以，直接关掉这台电视也挺不错的。

真正重要且对你的生命发挥实质影响的，是你对自己与这个状态的看法。有些人完全弄颠倒了，因为自己不知道该如何看待，便把他人可能的意见与评价放进来填补这个空缺，依据别人看待自己或这件事的方式来看待自己。问题是，他人的看法千千万万种，而这些人多半会拣选与放大最糟糕的那种。

亲爱的，没有任何人有权力为你下批注，或者替你决定何为“你的成功”，何为“你的失败”。请记得，你才是那个下定义的人。

孤单——我始终是一个人

> 人唯有在彻底被遗弃和孤单之中，才能感受到自身本质里的助力。……孩童的成长是为了迈向独立，这需要他从起点离开才行，所以被遗弃是必经的过程。
>
> ——荣格

拥抱你的孤单吧，没有比这更好的时刻了。学会独处，与自己在一起，倾听内在的孩子，甚至与内在的源头连接。你与自己的关系，影响你生命的每一个层面。学会独处，将丰富你，连带也丰富你的关系。

上野千鹤子在《一个人的老后》里很务实地说："为了不寂寞就去找个伴，我觉得还挺不划算的。我的意思是说，你找了个伴，也不见得就治得了寂寞，但肯定增加麻烦。"而"结婚也好，不结婚也罢，无论是谁，最后都是一个人"。

孤独有两种，一种是"人际的孤独"，另外一种则是"存在的孤独"。前者可以通过用心经营友谊与学习社交互动技巧而有相当的改善；后者则需要部分回到自身，潜进内在，去寻找你的热情、你独特的天职与使命。静坐与静心是一种很好的回归源头的修持方式。

你只能看见你准备好要看见的事物

我很喜欢马西娅·格拉吉（Marcia Grad）在《公主向前走》里面对"幻象之地"的一些描述。生活在幻象之地的人们，在妖精的宴会上，吃着空无一物的盘子却以为自己正品尝美食，饮着空无一物的水杯却以为自己正啜饮美酒，整个人已瘦得形销骨立却并不自知，仍旧吃着无法真正喂饱与滋养自己的幻象美馔，也无法听进他人的劝告。

当一个人看不见拴着他的锁链时，当然也就看不到解脱的钥匙。

有很多人活在幻象里，特别是跟“男女情爱 / 浪漫”（同志亦然）有关的一些幻象里。一部分人误以为自己深爱对方，因而离不开对方；另外一部分人则活在“自己被爱”的幻象里，认为这是一段爱的关系。多数时候，人们宁愿选择活在美丽的幻象里，也不要他人戳破他的幻想。

美国 FBI 探员乔·纳瓦罗（Joe Navarro）曾提过一个有趣的故事。有一次，他的一位女性朋友到美国佛罗里达州的珊瑚阁游玩。那位朋友依照着地图行走，起初，一切都很顺利，一直到他们到了镇上，开始寻找路标为止。

一个都找不到。在所有十字路口看不到任何一个路标。

这位朋友与家人绕来绕去，最后，不得已停在一家加油站前询问。加油站业主面露同情，表示他们不是第一个前来询问的。他说：“你们到了十字路口时，要往下看，不是往上看。道路标志是 6 英寸（约 15 厘米），漆有路名的倾斜石块，就放置在人行道旁的地面上。”

纳瓦罗的朋友依循指示，很快就抵达了目的地。“显然，”她说，“我本来想找的是距离地面 6 英尺（约 1.8 米）或更高的路标，而不是地面上 6 英寸的……最令人不敢置信的是，我一知道要看哪里、在哪里看之后，路标就变得清清楚楚、明明白白的了。找路没有一点困难。”

这就是我的感觉。

就在我确认婚姻中第三者的存在后，有一段时间，我将这几年断断续续写的日记翻找出来，重新阅读了一遍。很讶异地发现，路标是那样地清晰，以不同或相同的形式反复出现。然而，以为正在与一位“正直、诚实、奋发上进而又疼爱我的男人”交往的我，却是怎么样都看不到。

在关系里，我确实感受到许多不舒服、不被尊重、难言的气愤与相处上的摩擦。但我更常做的一件事，却是反省与检讨我自己，是不是我太任性？要求太多？还不够体贴？未能尝试去信任对方？我总认为，两个人在一起，总有许多不同的观念与习惯，需要学着适应、妥协甚至包容对方。

当我问他，与死党的聚会为什么总要在夜店？为什么总要在深夜并持续到隔日清晨？难道不能在一般晚饭时间，在餐厅或家里吃饭喝酒聊天？只因为，我没有预期会看见，我也没有准备好要看见，所以我始终看不见。一个先验的、武断的且未经检验的假设局限了我，这个假设是，“这是一个因为经受过情感创伤而已相对较成熟的男人”，“是个深切爱我的人”，所以根据“观察者偏误”，我仅收集符合我假设的信息，忽略不符合假设的信息，即使出现与先验假设疑似不一致信息，而被我注意到了（忽略很容易），我也主动产生一些“合理的可能解释”。

就某方面而言，这是人类避免认知不一致，寻求“认知和谐”的本能。而一切都仅在我脑海中发生；就某种意义来说，一切都仅关乎我个人。

也许对方确实说了或编造了些什么以遮掩他的行为。然而我未能觉察，我看不到，可能不是我的错，但确实是我的责任。当时的我，对于这样的一个假设，“拥有一个爱我的好男人与伴侣”，有着深切且强烈的渴求，我因而看不见接近全貌的真相。我处在某一种状态里，在这个状态里，遇见了这个人，投射出我的想象与需要，并且爱着这个想象与需要。我为此投注极大心力。

总是个人的问题在主导着你“能够看见”及“看不见”的东西。同一件事、同一个人，你看到什么，感觉到什么，有什么情绪与主观解读，即麦克尔·罗奇格西（Geshe Michael Roach）所谓的“心理铭印”，身、语、意的心识种子。我们所遭遇的每一件事其实都是“中性的”或“空的”，你的感受、你习惯诠释的方式、你过滤某些信息留下某些信息、看见什么与看不见什么（例如同一个市场你是否能够看到潜藏的巨大利润），都只与你自己有关。

亲爱的，你准备好要看见“真相”了吗？这个真相，也许是关系中外遇的存在，也许是这段关系的本质——是“爱”比较多，还是“执着”比较多？事发之后，充满强烈张力的情绪与对峙，传达了你内在深层的什么？因而，这个真相，也许更是关于你自己的，你内在的阴暗面、潜意识里强烈的渴求。你何以这般受伤、生气或者恐惧？你在伴侣身上放置了什么期待？你看见并爱着的，是真实的他，还是你投射出来的形象？你希望通过对方及这段关系给予你什么、替你达成什么，好让你能够借此回避自身某些重大的责任与问题？

你的真相，也包括你创造了你目前生活中的所有事物与情绪。只有在你愿意时，你才能够看到你究竟是如何创造了你的痛苦。

认识自己

下一章，我会谈论如何评估你的关系是否是一段“有潜力复合的关系”，抑或是“需要你学习放下的关系”。但在此之前，更重要的是，更深刻地认识你自己，看到自我内在的真实，以及此段关系的真实。

请记得，你所经受的这场婚姻风暴，最终的焦点并不在伴侣身上，而是要拉回自己身上。你永远无法代替你的伴侣完成他的课题，而你的伴侣也同样无法替你完成你的课题。真正重要的是，意识到你们自己的问题，各自去圆满。

你可以尝试由以下几个方向切入：

• 最初你是怀抱着什么样的动机进入这段关系的？如今是因为什么而维持？

• 对方的什么特质深深吸引了你？

• 你的伴侣如今让你痛苦的，是否是当初吸引你的那些特质另一方面的展现？

• 此段关系原有的问题为何？这些关系中待解决的问题，与伴侣的外遇行为是同一个问题，还是两个？

• 你想要的是什么样的亲密关系？你要的亲密关系是“一对一”的吗？

• 你若选择留在这段关系里，会是因为“爱”以外的其他事物吗？例如经济依赖、情感依赖、对离婚的恐惧，或是某种不甘心？

• 你在这段关系里面最重要的底线是什么？

看清爱情的幻象

在此，我也邀请你去看到你对爱情的幻想与执着。我们很容易“逃到爱情”里，编织许多幻想，幻想对方的性格、能力、对自己的情感（如何深爱着自己）等。尤其是女人，即便在职场上精明干练、处事果决、充满自信，然而一旦恋爱了，就容易在爱情与关系中有不同程度“失去自我”的倾向。贝芙莉·英格尔（Beverly Engel）把这称作在爱情中“消失的女人”。

这种爱情的幻想普遍可见，与我们的整体文化、媒体、商业活动对浪漫爱情的塑造和鼓吹有极大关联，但凡香水广告、电影、电视剧、小说、漫画、流行歌曲……几乎是随处可见。

容易在爱情中消失的女人，最常抱持着几种幻想——

高塔公主的幻想：是一种等待被拯救的幻想。相信也期待着出现一个男人来拯救自己脱离平凡、孤单、不快乐与现实的辛苦。这个男人将使自己平淡无奇的生活变得精彩刺激，充满欢乐，令人艳羡；这个男人也将一眼看出并肯定她的特殊性，强烈爱着她。

南丁格尔的幻想：与前述刚好相反，这是一种治疗者拯救他人的幻想。幻想通过自己的爱，某个男人将脱胎换骨。抱持这种幻想的女人会与她们试图照顾或解救的男人相恋，基本上是为他人而活，预设他人的需要，且为他人做一些实际上其能够自己做的事；为对方的孤单、渴求爱而感到心疼，觉得有义务陪伴着对方。

灵魂伴侣的幻想：认为男人或女人都缺少了另一半，必须遇见另一半，遇见自己的灵魂伴侣，这辈子才能圆满或个体才能完整。有这个想法，基本上是因为并未认出每个人内在同时都拥有男性和女性的部分，也未能均衡发展这两股能量与两种特质，因而期待借由和某人结合得到别人具有而自己缺少的那些部分。

前述提到过“阴影”，也就是我们最容易爱上的，其实是对方身上那些自己欠缺的特质。英格尔也指出：“爱情会让人失去自我、失去防线的（部分）原因，基本上是因为我们爱上自己被压抑、忍耐或拒绝的部分，或者，没有发挥出来的内在特质。”我们潜意识或暗地里希望通过与这个人在一起，而能拥有部分他所具备的特质。然而这其实并非两人结合就足够，最终你会发现，你仍必须自己去发展这些特质。

有些人更认为，“强烈的吸引力”或某种“特殊的连接感”就是爱，即便他一点都不了解这个男人或女人，却在转瞬间陷入一见钟情与热恋。你如何爱上一个你根本不认识的人？就某层面而言，你真正爱的，是你投射到他身上的想象与需要，你爱的，是自己的投射与幻想，你把这个幻想叠加到眼前这个男人或女人身上，如此而已。

同样，当你对另外一个人变得“过度迷恋”时，往往并非真实的他对你有这样强大的吸引力，你其实很大程度上是受到“自己的需要和欲望”所驱使。你或许拼命想借由与另外一个人的结合，以填补内在的空虚、摆脱孤单、逃避面对自身的问题。过度迷恋也就是，你爱上的是你需要、你想象的人，而非真正的他。

英格尔认为，真爱是轻松、温柔、亲切与付出，迷恋的爱则是艰辛、占有与贫乏，并且时常被恐惧和嫉妒主宰。亲爱的，你的爱情属于哪一种呢？

学习靠自己满足你的真实需要

许多有关自我概念的研究都指出，女人比较常用“关系”来定义自己，男人则较多以“拓展成就领域”来界定自己。因而女人的自我常常是模糊的、变动的、融合的，并且似乎得仰仗他人才能圆满。男人的自我则相对较清晰与确立，同时独自便可完成。社会化的过程里，男性被鼓励问道：“我的需要是什么？如何去满足这些需要？”女性则被鼓励思考：“他人的需要是什么？我如何去满足这些需要？”

于是男人自问：“我的愿望是什么？”女人则问：“我令人满意吗？”

当然这不是一种绝对的划分。只是许多习惯去满足他人需要的人，经常担忧的是，我如何能够照顾到自己的需求却又不显得自私？我如何能够有所成就却又不威胁到别人？我如何能够充满爱心与体谅但又不必一直顾虑每一个人？

在此，我要特别鼓励当事人，特别是女性，开始去思考：“我的需要是什么？我如何学习让自己去满足这些需要？”不是仰仗他人或某段关系去完成，而是开始学习以健康、实质上并未伤害到他人的方式来自我满足。

“爱自己”与“自私”的区别

“爱自己”，基本上是把照顾好自己与满足自己的需求视为自己的责任，不是配偶的，不是家人的，不是婚姻的，更不是政府或社会的责任。

只要是通过健康的方式，满足自己的需要并没有什么不对。把照顾好自己视为优先、最重要的事，做对自己有益的事，活出自己所选择的生命与热情，支持自己成为最高版本的自己……这些都很健康。

而“自私”，则是“逼迫他人活出我所选择或期待的生命”。例如，你既然是我的太太，你就要负责照料我的生活起居与健康；你既然是我的爱人，我伤心难过时你就必须陪伴在我身边，抚平我的痛苦；你既然是我的儿子，就要符合我对你的期待与未来的设想安排；你既然是我的男人，就要能够供应得起我想要的生活。这些都是把照顾自己与满足自己的责任架在他人身上。“自私”同时也是为了满足自己的需要，不惜伤害或侵占他人。

“爱自己”与“自私”很容易被混淆，也经常有人蓄意把伴侣“爱自己”的举动控诉成“自私”，以求得自己的满足。两者事实上是很不同的。你当然要避免“自私”，不要求他人是你所希冀的样子，或把照顾自己的职责放在对方身上。但你也必须“爱自己”，一方面，这使你真正能够免于自私；另一方面，这是你能够付出爱与营造爱的关系的先决条件。

设定你的底线，并尽全力执行它

拥有一个“健康的自我”（ego）是很重要的。这是身心灵的完整中，心理与人格的那一部分。在许多时候，你需要先发展出一个独特的、有疆界的、使你不同于他人的那个“我”，也就是“自我／小我”，从而再进展到灵性的提升与拓展，与“大我”的合一[⑧]。而“清楚的人我界线”便是一个健康的自我所具备的素质。

我们向伤害说“不”的权利，是任何关系都夺不走的。无论是肢体上的攻击，或精神上的伤害，例如谩骂、侮辱、轻蔑、贬抑、刻意忽略、不断说谎、持续外遇，你都需要学会为自己说“不”。

你要能尊重你自己，才能为自己创造出一个同样尊重你的伴侣与环境。以婚外情为例，绝大多数都蕴含着许多“不尊重”。你的伴侣不尊重彼此关系的盟约，不尊重自己给出的诺言，不尊重你在一段情感关系中健康的感受与需求，而你若持续与一

⑧当然，这不是灵性发展的唯一途径，却是一个很踏实的路径。若要在世俗的事务当中修行，一个健康独特的小我是极有助益的。

个有这么多“不尊重”的人一起，则你显然也未能尊重你自己那与生俱来的“值得被珍视且慎重被对待”的权利。再者，外遇的发生通常都伴随着许多“谎言”，你允许他人对你说谎，只要他仍支付家中的开销，不抛弃你，那同样也是对自己的践踏与不尊重。

而所谓的“底线”，就是在这段关系里，你所能容忍的最大限度。“底线”与“合理的期待”不同，合理的期待很大程度上是彼此同意的追求或努力方向，并且是实际的；“底线”则是此段关系成立的最低要求，一旦连这个状态都无法符合，关系即确定要中止。

在什么样的情况下，你会选择结束这段婚姻？只要你愿意倾听，在内心深处，你其实是有着一分知晓的。例如关系若走到某些需要做出决断的时刻，你的整个灵魂会呐喊着：“要离开！这不是我要的！我值得更好的对待！就算有再大的恐惧与不确定，我都得离开了。”而另外一些时候，你会知道你与伴侣犹须共同努力，这段关系仍是有希望的，只是某些问题不再允许彼此忽略或回避了。

倘若你非常确定自己想要的就是“一对一”的亲密关系，这对你很重要，那么，这就会是你的底线。就外遇事件来说，“双振出局”或“三振出局”都是很好的做法。第一次的外遇被揭发后，伴侣双方都需要好好坐下来，一起讨论与审视两人的关系究竟出了什么问题。伴侣咨询可以提供一个很好的支持与架构，以及必要时的引导。外遇的那一方需要揭露自己的为难与煎熬，歉疚与罪恶的感受；受伤的那一方则倾听，同时在安全感渐增的状态中，揭露自己的痛苦、伤心和脆弱；外遇的那一方继而开始学习支持与回应这样的痛苦和受伤，同时也能敞开心去探索外遇的意义，以及隐遁在其后的两人

你如何对待你真实生活中的孩子，
通常你也会这样对待你自己的情绪。

关注你的情绪，
就是“爱自己”，
并且是“爱自己”不可或缺的一种方式。

关系中的重大问题，例如未被彼此看到和满足的深层依附需求。

伴侣双方也都需要各自厘清在这段关系中的底线，清楚、具体且实际地表明在婚姻中彼此可以忍受的最大限度。对遭逢外遇的那一方而言，诸如“日后只要再有一次有性关系的外遇发生，我知晓后，便会结束我们的关系”，“如果四个月之内，你无法确定是否要回到我们的婚姻当中，并彻底与对方断绝联系，同时持续接受三个月到半年的伴侣治疗及你个人的心理治疗，那么，我就会跟你离婚”⑨。

⑨其实若伴侣双方的关系能够修复到足够安全，同时两人也能开始重新靠近时（通常通过治疗较有机会达成），每当外遇的那一方在感受到动摇或被吸引的同时，都是很好的提出来探讨与共同努力的时机。

底线无所谓好、坏、对、错，底线就是你在这段关系中所能且愿意容忍的最大范畴。每一段关系的底线极可能不尽相同，有些人的底线较容易被触及，有些人的则较为宽松。重点是，尊重你自己可以与他人不一样。同时，若底线被触及，确定你能够付诸该有的行动。

没有比“坚定行动”更重要的了。因为这意味着，不管他人尊不尊重你的底线，你自己都是认真看待并且百分之百赋予尊重的，无论外在如何、他人如何，你都不会背弃你自己。设立你的底线，一条具体合宜的界线，无疑是一种“爱自己”的重要方法。一旦这个界线被跨越了，那也就是你采取相应行动的时刻，而这同样也是“爱自己”与自尊自重的行为。

同时，还请记住，选择原谅对方，并不表示你允许对方再以同样的方式对待你。

你也许选择原谅第一次的外遇、第二次的外遇，但那不意味着，你就得容忍第三次或第四次的外遇。“你之前都可以原谅我，为什么这一次不行？”

亲爱的，你知道的，“这一次就是不行”。

你是行动者，而非受害者

抛开受害者的想法吧。你不是。

你的重要权益确实受到损害，因为伴侣的外遇，你遭受很大的打击与伤害。就某个层面而言，你被不公平地对待，你谨守婚姻承诺却未有相应的回报，你全心付出却没有获得你希冀的回报（伴侣的爱、感激、关心、忠诚等），你遭受许许多多的欺瞒……“我当然是受害者了！你到底在说些什么？”

亲爱的，被欺骗、遭受外遇，就一定要“受害”吗？

扮演“受害者”，以“受害者”的姿态自居，当然有些好处。

初期，你会得到很多人的同情，他们义愤填膺，同声讨伐你出轨的另一半。你会得到额外的帮助、通融与怜悯。请善用这些部分。

过渡期后，这些好处却会很微妙地逐渐成为阻碍你与削弱你的源泉。当你执着于“受害者”的位置与心态时（这的确是一种执着），你等同于把对生命的掌控权拱手让出。你将创造越来越多的无助、无力与无法可想。

你不是受害者，你是正在撰写与创造你的生命故事的人，你是这出戏的主角与导演。你无法控制外遇事件不发生，你无法控制伴侣或其他人的行为，然而，你却可以相当程度地选择你的情绪、回应的方式与接下来的行动，你能够有意识地选择如何去看待外遇这件事，从而在多种贴近真实的诠释中，选择最能赋权给你、最具力量与滋养性的那些想法。

最终，你也能够选择，那些最能敬重自己与爱自己的所有行动。

04

留下还是离去

“但是我还爱着他，医生……我怎么能够离开？”

“爱使人感觉愉快，”医生说，“如果你并不感到愉快，那就不是爱。”

“但是那感觉像是爱。”

“如果你痛苦的时候比快乐的时候多，那就不是爱，而是别的东西。那东西让你陷在牢狱中无法自拔，让你看不到你面前敞开一扇通往自由的门。”

——马西娅·格拉吉 《公主向前走》

在更多地“认识自己”之后，我们仍需额外去审视“你的伴侣”与“你们之间的关系”。我依旧要强调，在做出任何重大决定之前，你都需要有充裕的时间向内寻找，自我觉察是一个持续不断的过程，同时学习信赖你自己的判断与内在直觉。

请你记得，对方的某些行止究竟能不能够改变，决定权在他，不在于你。而伴侣会不会改变，不该是你能否获得幸福的关键。你需要做的决定是，就算他永远不会改变，你依旧能够获得幸福。

有时候决定会这么困难是因为伴侣通常都不是“完全的坏人”。难就难在，他也有非常好的时刻。

你的伴侣是否有改变的意愿及可能

这不是很容易，但却是重要的工作。这又分成“改变的意愿”

与“改变的能力”两个部分。

改变的意愿藏匿于细微之处

首先你需要先评估，你的伴侣是否有“改变的意愿”。在外遇事件被揭发后，他是否对此感到深切的抱歉、懊悔？他是否主动或至少明确地向你表达了歉意，坦然承认错误，愿意对此行为做出弥补，同时负起修复关系的责任（弥补与修复关系，这两者是不相同的）？他是否愿意且能够承诺立即结束与第三者的关系？有时上述这些部分需要一些时间沉淀与厘清，但至少，他是否愿意与你共同探索外遇的原因，彼此尝试卸下批判、指责，以及防卫，共同探讨你们的关系中与此相关联的重要问题？若已与第三者分手，他是否也愿意独自去处理失去这份外遇关系所带来的失落与其他未尽事宜？此外，他是否愿意与你一起接受伴侣治疗，必要时再投入个别疗程，为重建你们之间的信任、解决悬宕已久的婚姻问题、修复关系、学习如何更好地再相爱而付诸努力？

“改变的意愿”，需要从“话语”与“实际行动”两个层面去评估。有些伴侣，可以说得很恳切，也很愿意承诺，实际上却基本做不到，或者行动持续的时间不长，这也许与他“改变的能力”有关，也许这些话较大的成分仅是在安抚，是种权宜之计，而非真正下定决心有所调整。因而，你需要有一份内在的清明，与对伴侣的“话语”及“行动”的静默关注。而那种内在的知晓与直觉，亲爱的，是你本来就有的部分。只要你的情绪能够被你自己接纳并获得合宜的梳理。

在此所谓的“改变”，意思是“他是否仍想为维系你们的关系而做出必要的努力及调整”。若对你而言，“一对一”的忠诚关系是非常重要的，那么，这里的“改变”具体来说，也就包含确实结束与第三者的关系。

从伴侣描述、承认、面对，继而处理外遇的方式，其实可以窥见一些相当重要的线索。

例如某位当事人，当她第三次发现先生外遇时，双方有过数次看似恳切动人的对谈。然而当她事后冷静回想时，她发现从头到尾，先生并没有任何一次，明确地表明要结束与第三者的关系。

尽管口头的承诺仍须与实际行动合并来看，然而若连“口头的承诺都无法给予”时，反映的可能是一个相当艰难的抉择或状态。

此外，在事情未能全然揭露前仍不断否认，或者仅是有选择地承认（被发现的部分才承认，没被发现的仍试图撒谎掩盖），我认为，也是一个比较不好的指标。因为对方犹想遮掩，犹想回避某些自己也许该承担的行为后果，部分也显露了他尚未能诚实面对这部分自己，尚未想为自己的行为负起全责，若此，其将难以真正敞开心来与伴侣共同处理相关的问题。

责任的推脱也是一个指标。以另一个当事人为例，在她尝试弄清楚外遇事件的过程中，先生试图用这样的方式阻挡她与第三者交换信息。实际上，他对两边都有一定的欺骗及隐瞒，而他也全然不知道，两位彼此友善尊重的女性在简短的电话联系中是如何互动的。这句话本身是某种“欲加之罪”，借由“指控／控诉”的方式来“操弄”，意图让我的当事人因可能造成的伤害与罪恶感而停止试图厘清真相的行为。这句话其实也仅从他的立场与需要出发，未能考虑到被欺瞒多年的两位女性的感受，以及了解“概略真相”的需要和权益。这句话表面似乎在维护第三者，实际是在保护自己，希望别再有更多事情被揭发，抑或避免所做的事情有被摊开谈论的机会。这句话更蕴含了扭曲的思维，即今天会对第三者造成重大伤害，是因为“你去与对方谈论或揭开外遇这件事”，而非“外遇的始作俑者”我与“外遇行为”本身。

也就是说，外遇这件事，可以做，但是不能说。“做”本身不会造成伤害，但你谈论它则会。此种背后扭曲的深层认知才是最棘手的。若没有机会协助外遇者调整这些深层的信念，则你要问的不是“外遇是否会再发生”，而是“它为什么不会再发生”。

从另一个层面来说，这其实也就是苏珊·福沃德（Susan Forward）所谓的“情绪勒索”的一种方式，用以让对方产生不适与过当的FOG，即恐惧（fear）、义务感（obligation）和罪恶感（guilt），目的在于迫使对方做出自己想要的行为或停止自己不想要的行为。尽管这些威胁或要求时常被包装成爱与关心，本质上却是为了自身的需求与欲望，并未同等纳入对方的权益、需要与意愿，也不在乎如此做的后果会对他人造成何种影响。

外遇者通过此种“谈论会造成伤害，因此过程中若有任何情绪或伤害产生，那是因为你想要谈论它所造成的”，而不是外遇的他所造成的借口来推诿卸责。“这都是你的错！”把责任转嫁于你，也可能因此成功阻止更多事实被揭露，让自己免于面对更尴尬的情境；当第一者想要更清楚到底发生了什么，与第三者共同被欺瞒了什么，或者想针对这些已发生的事情进行立意良好的沟通、澄清关系中问题所在时，会遇到极大的阻碍，第一者可能得不断地与心中的罪恶感相抗衡，并怀疑自己如此做是否反倒更能伤害到他人。

外遇事件其实是需要被谈论的，拿掉批判、责备、攻击与防卫，恳切地谈谈到底发生了什么，为什么选择如此行动，关系出了什么问题。无论是遭受外遇的一方或外遇者本身，双方都需要有空间表达内在的感受与伤痛。“谈论”是必要的，“谈论的方式”则是可选择的。“说真话”是可行的，并且有一些说真话的方式是不伤人，也能让人听得进去的。

无法谈论，也是一个较为不佳的指标。

这种推诿责任、避重就轻的常见做法是，外遇者在事情被揭穿后，对伴侣“侵犯隐私”一事大发雷霆，指责第一者不该或根本没有权利查阅他的邮件、短信、通话记录等。实际上，为数不少的第一者都是在意外的状况下发现可疑点，从而才有后续的调查的。而真正对他人界线与权益的重大侵犯，其实仍是伴随许多谎言与瞒骗的外遇者本身。

静观这一切的发生，你会有些清晰的觉知。

外遇者仅有很少的歉疚，却有比较多的懊恼，懊恼于“怎么会被发现？”“真是苍天捉弄人……”“是哪个朋友出卖我？”，若你发现伴侣存在这样的感受，远多于真切地为伤害你感到难过，那么，你可能也需要给自己更长的时间来观察。

此外，不少外遇者其实是处于某种状态，“我不想离婚，但也不想花太多力气改变我自己，或是为关系努力”。亲爱的，这就需要回到你自己身上了。最终，你还是得尊重他“不想改变自己，关系得过且过就好”的选择，但更重要的是，你也得尊重你自己“想要一个质量更好的关系”的渴望。

改变能力的评估指标

医疗中我们使用“预后”这个词语来指称当事人“康复的概率”。外遇者是否会再度发生外遇行为，也可以从“概率”这个角度来思考。在某些状态之下，外遇者能中止外遇行为的概率是极低的，不是不可能，只是概率小，而若你非常肯定你要的是忠诚的关系，则你并不需要去赌那个极小的发生概率。记得吗，“你需要去做必要的事，让幸福能够伴随”。这个必要的事，并非祈求恩典，等待对方改变，而是尊重对方的状态，同时尊重自己的需求，离开这个关系，也一并承担起相应的责任，继而再主动去寻找你要的关系。

以下是几个可供你参考的指标，部分参考了简妮丝·斯普林（Janis Abrahms Spring）教授的建议。

1. 过往情史与劈腿记录。

若你的伴侣仅有这一次劈腿的记录，并且能够正视并深入探讨这个行为的成因与后果，那么，停止外遇行为的概率是比较高的。但若是过往关系中曾有多次外遇，那么，基本上已形成一种行为模式，除却惯性本身较难扭转，成因也相对复杂，同时与深层的个人问题纠结（有时甚至可能是人格结构的扭曲），因而行为修正的难度相对提高许多。此外，若你的伴侣先前的亲密关系便是因为自身的外遇行为而痛苦分手的，他的下一段关系依旧出现外遇行为，那么，停止此行为的概率就更低了。因为即便发生高度痛苦的后果，依旧无法修正并学习新的行为，显见此问题的难度——许多成瘾的行为基本上都具备这样的特质。

另外一个审视的角度是，你可以很认真地询问伴侣，从过往的外遇行为中他真正学到了什么。通过伴侣的回答，你可以获得一些信息。有时单从回答，你便可以发现，对方似乎没有学到太多；或者相对于弊端，他可能领受到外遇行为中更多的好处。若此，他为什么要停止？此外，回应可能是相当“动听的”，你仍需要落实到行为层面，即留意伴侣的行为，“他实际应用出来的”是什么？

某些外遇者学到与真正去应用的是“如何更神不知鬼不觉地偷情”，“如何留意及毁灭证据”。例如，有位外遇者实际应用出来的学习是，把电脑搬到办公室去并设定密码，养成随时删除手机短信与通话记录的“良好”习惯，发票一定收好不乱丢，将手机通讯录中每个“妹”的名字更改成中性的名字等。

于是你会知道，伴侣真正的意向与努力的方向是什么了。无论他口头上如何忏悔、承诺，“行为”会说真话。

总而言之，过去的恋情可以提供某种借鉴：习惯的模式不容易更改。

2. 说谎的惯性是否延伸到与外遇无关的事项上。

若你的伴侣基本上是诚实且讲信用的，重视自己的承诺，也会尽力去履行，其仅在与“外遇”有关的这件事上持续对你说谎（指的当然是未被揭发前），那么，停止此行为的概率是相对较高的。

然而，若他习惯性说谎，无论大事小事、重要或不重要，并且多数是“为了自己的方便与利益”，而非为他人着想，那么要他日后停止“欺骗”，就算仅限定在“外遇行为”上，基本上也是相当困难的。例如，他可能在其他一些情境里捏造他的学历、某些经历、年龄、职位、婚姻状态、有无孩子等。

当你的伴侣具有说谎的习惯，习惯夸大或过度淡化，说话时会刻意去强调某方面同时隐匿其他方面，从而使他人形成某种“有利于他”的既定印象，时常承诺许多做不到的事情，那么，要他停止在关系中的欺骗，相对会困难许多。

上面两个衡量方式分别和“外遇行为”及“欺骗”有关，下面则与“与人建立真实亲密的关系”和“爱的能力”有关。在此，我会提及一些比较极端却并非不会遇见的情况，多数大众心理书籍对于达到病理或心理疾病诊断程度的某些现象，经常是轻描淡写地带过，或表明超出本书的范畴。此种做法确实能够避免引发不必要的恐慌、诊断被滥用、过度诊断等问题；但另一方面，这些可能具备了严重的心理疾病、内在被黑暗深深遮蔽的人，却可能就是你我身边某个受人敬重的师长、知名的权威、备受重视的朋友、隔壁的邻居，甚至是生你养你的双亲，更甚者，与你和孩子朝夕相处的亲密爱人或配偶。何以这些真正危险并具伤害性的情况，却因病理严重而被排除在讨论之外呢？

对这些危险人物初步的认识与掌握判断的知识是重要的，但也要小心不要滥用诊断。这些描述不是让你替你的配偶“贴标签”或者拿来证明对错用的，这绝非我的原意，这样做也对事情一点帮助都没有。这些信息，是要让你有所警觉。与人格结构违常的另一半相处时，常发生的是，你会产生对你自己的认知、感受与判断的严重怀疑，这些信息提供你一个定锚点，让你了解人性确实有这样的状态存在，从而能够聆听你的直觉，采取必要的行动拯救你自己和孩子。

3. 欠缺良知的“反社会人格”。

若你的伴侣在某些时刻曾让你打从心底感到不寒而栗，当时不一定是针对你，你可能仅是旁观，也就是他的某些行为，在某层面冷酷到会让你发抖，瞬间你可能有不知道这个人是谁的感觉，觉得他不像一个具有情感和良知的“人”，同时你又迷惑不已，不懂像他这样的人为什么要这样做，这似乎并不合理，应该是你自己哪里弄错了，而这种情形不止发生过一次……

不是每个人都具有良心。在《4% 的人毫无良知》这本书里，哈佛大学医学院的玛莎·斯托特（Martha Stout）博士对于人格特质中以“对立性”和“去抑制性”为

①“反社会／精神病态类型”过去也曾被称作“反社会人格障碍”“社会病态”或“精神病态”等，本书中我们简称为“反社会人格”。在 2013 年 5 月出版的美国心理学会发行的《精神疾病诊断与统计手册》（第五版）中，人格疾患从第四版中的“分类取向”转向“向度取向”，即不再单从类别来区辨人格疾患，而是从 6 个不同的向度（以及每一个特质领域失功能的严重程度）同时做评估。此 6 个向度分别是情绪的负向性、内向性、对立性、去抑制性、强迫性与分裂病性。除此之外，也从与 6 个典型人格疾患类型的相符程度来做评估，此 6 种类型分别是反社会／精神病态类型、逃避型类型、边缘型类型、自恋型类型、强迫型类型与分裂病性类型。其中，与惯性外遇行为以及对他人的操控最

主的“反社会／精神病态类型”①(见129–130页)做了深入且细腻的描绘，并且大为颠覆学界与大众的刻板印象和想象。斯托特博士依据一些实证研究结果与自己在创伤领域的工作经验，认为“反社会人格”的盛行率可能是4%，即每100个人里面便有4个不具备良知。这部分解释了社会上何以有一定数量的冷血谋杀、性暴力与性侵、虐童、殴打配偶、遗弃孩童、恐怖主义、好战等事件。而上述还仅是较容易被看见的“暴力型”反社会人格，“非暴力型”为数更多，例如商业骗局、诈骗集团、爱情骗子、黑心食品等，这些“非暴力型”甚至可能就隐身在与你熟悉或亲近的人之中②。

斯托特博士认为，“反社会人格”的所有症状或特征，都是围绕着“缺乏良心”这个常人难以想象的心理状态的行为表现，完全没有或仅有很少的一点罪恶感或悔意。对一般人而言，良心是自然且再寻常不过的事物，对于自己未能尽责、做错事、伤害到他人，或似乎剥削到他人会感到不安、罪恶、歉疚与懊悔，并且在某程度上会主动约束自己的行为。

可能有关联的，是反社会／精神病态类型、自恋型类型与边缘型类型。

②过去有许多学者尝试对“精神病态”分类。其中有一些分类很有趣，例如人格理论学者西奥多·米隆的10种分类。其中有一种“垂涎型精神病态”，是对他人拥有的东西（好比美貌、聪明、成功、个性等）产生强烈的欲望，不是所有反社会人格者都会垂涎他人的东西，但若“垂涎他人”和“缺乏良心”这两个状态结合在一起，那么，这个人就会变得非常可怕。特别是一些他人根本无法被夺走的所有物，那么，反社会人格者就会竭尽所能地摧毁它们。

> 良心是某种类似义务感的事物，建立在对另一个生物（不见得是人类）的情感依附上，或甚至建立在跟人道有关的情况上。如果跟某人或某事没有情感连接，良心就不存在。而如果良心就是建立在跟某人、某事的情感连接上，良心就跟情感光谱里称为“爱”的东西有密切关系。

“反社会人格”便欠缺此种“情感连接”，对谁都没有情感依附，尽管他们绝大多数都能后天“学会”随心所欲且热烈地表达情感，就像学习第二语言一般。聪明的反社会人格者都学得会也娴熟于“日常生活的情感表达”，他们多是天生的演员，能够表现出会让一般人与善良、仁慈、热情、浪漫等情感连接在一起的语言和神态。例如看到一只狗受伤时，泪眼汪汪地说“它好可怜啊”，而这并不难。实际上他们却体会不到背后的情感，其是以“情感淡漠”著称的。

简要地说，“反社会人格”是一种不尊重他人权益并且不断侵犯的广泛模式，对他人的欺骗与操纵是行为的基调，善于利用他人；在伤害、剥削、利用他人后，并不会真正感到悔恨或愧疚；持续地不负责任；无法符合一般社会规范的要求；对刺激的需求量比正常人多，因此常会冒很大的风险，也会施展魅力引诱他人冒险；可能会突然变得“不顾他人安危”，施展暴力；某些时刻易冲动，无法事先计划。其经常也是非常迷人的，性感、有趣，个性复杂而强烈，具备独特的领袖魅力；能言善道，擅长做表面功夫，有的亦娴熟于奉承、运用自身的性魅力等工具。

他们做出许多令人发指或不解的恶行，常常仅是因为无聊，抑或为了“好玩”，享受“游戏”或“赢”的感觉。乐趣在于夺取，而非拥有。我的一位当事人在八九岁时，某天父亲谎称要带他去买糖果，结果却把他载到荒无人烟的地方就地丢下，扬长而去，他经历了困惑且极度惊恐的数个小时，入夜之后才被带了回来。而这纯粹只是因为他的父亲那天下午很无聊，想找点乐子。

大多数人都不会想到，“构思一场种族清洗”和“毫无罪恶感地跟老板讲一个同事的坏话”之间有任何对应关系。事实上，这两者却可能极有关联，都是由于“欠缺良知”。我在写这篇文章时，一位年轻人骑摩托车撞到了10岁的小女孩，因为宝贝摩托车受损还下车重踹了她几脚。有很高的概率，这个年轻人便属于那4%的人。而这样的新闻，每天都可以看到。

这些没有因为犯罪行为入狱、生活在你我周遭并且未被辨认出来的反社会人格者，才是最可怕的。例如，通过吃软饭来剥削另一个人、伪装爱人骗光你的积蓄、伪装大师敛财等。

如何在生活里辨别出这样的一群人？我非常同意斯托特教授的观察，不是大众以为的隐隐透露出来的邪恶气息、肢体语言或威胁恫吓，反社会人格者最容易被人发现的线索，其实是“装可怜”的戏码，也就是“诉诸你的同情”，他们总是能够轻易地让你对自己的某些行为产生罪恶感与动摇，让你感到自己如此对待他似乎真是太过分了，自己不该对他有那些负面观感和怀疑。他们是让你产生罪恶感和自我怀疑的天才。另外一个也经常使用的伎俩是“性的诱惑”，由于对多数人来说，性关系不免牵涉感情，就算是露水姻缘亦然，反社会人格者会利用这种通过性而产生的情感连接来得到他们想要的东西，例如身份职位、忠诚、金钱资助、某些信息、“赢”的感觉，或是协助他们维持某些伪装。对于这种“装可怜”，你可能很熟悉，在某些虐待性关系里，包含外遇不断的关系里，经常可以看见。

请牢牢记住，一直表现出伤害他人或其他不良行为，却又经常装可怜，博取你的同情，就是贴在反社会人格者额头上的警告标志。拥有这两个特征的人不见得就是杀人狂，或生性凶残。但你不应该把他们当好朋友，或跟他们合伙做生意，或请他们帮忙照顾小孩，或嫁给他们。

我觉得，许多反社会人格者之所以未被揭露，有相当大的成分和深受其害者经常为发生的一切感到极端地“羞愧”有关。这些当事人无法和他人谈论一些极端让人发指或不敢置信的事，担忧别人可能认为自己疯了；抑或这个人是你的至亲、手足、配偶，连想到都觉得羞耻的事，如何跟别人启齿，那是你至亲的作为？而这也好像“背叛”了对方，或者揭露了你并无权揭露的隐私。

以下是一个与外遇有关的真实案例，说明了何以这些人未必会被揭穿。

我与男友认识并交往了一年多。一天，我意外地在他的电脑里发现许多令人震惊的事情。包括，他大约有近百个通过脸书或博客认识的女性网友，都是主动搭讪而来的，他经常约不同的女人去吃饭、看电影、夜店喝酒、跳舞，一律都说自己单身，偶尔杜撰年纪，或说他曾住在美国等。还曾有不同女网友的内衣裤留在他家里。而我们刚开始交往时，他其实有个住在中部的女友。

我单就一件事去问他，并希望他能主动坦承其他的，但他没有。只要他认为我不知道的，他就一概否认或不会提起。我提分手，他要我陪着他给他力量，说他为我改变了很多……他愿意把一切都给我，包括让我管钱等。他重复许多次“你真的对我很重要”。最后，我告诉他所有我知道的事情，他才愿意松口承认。

然后，非常戏剧性地，那天傍晚他来到我家，说“我配不上你”，接着要求我把一切记录删掉，也就是我从他电脑里复制下来的、他与女网友们所有暧昧的记录。他要我留一点儿最后的尊严给他，我不懂……然而，我们交往这么久，这是我第一次看到他落泪。

他闭着眼睛，双颊潮红地讲这段话。他说，他自己也很不能面对另外一个他，好像白天是一个人，晚上又是另一个人，而他好的那一面，真的很爱我……请我把这些记录删了。留着这些并无益于他的改变，只是使他在想改变时更为困难而已。我非常非常地伤心，也开始觉得自己好像不该留着这些让他如此羞愧且伤痛的证据，我好像没有权力这么做。临走前，他又表示，希望我留在他身边，给他力量改变。

这个男友其实有着良好的社会地位与形象，这位当事人则握有能够动摇他的形象的证据。“你留着这些证据，会让我伤痛不已，最后一点儿尊严都被扫荡无存”，“请你保留最后一点儿尊严给我，把一切都删掉吧”，“我真的非常爱你”……诉诸可怜，动之以情，这是“反社会人格”者可以悠游于你我身边的原因之一。猎物换过一个又一个，太多受到伤害的人却觉得自己没有权力揭发，或者如此做将严重伤害到对方的心灵。

当你怀疑生活中有轻度到重度的反社会人格者存在时，以下有几点实用的建议：

• 在自己的直觉和权威角色（老师、医生、心理师、疗愈者、领袖、爱动物的人、神职人员、家长）之间，选择听从直觉。

• 把“事不过三”这个原则当作最高指导方针。一个重大谎言、一个没履行的重大承诺，或是一个没尽到的重大责任，或许是误会，但已经发生三次，你可能就是碰到没有良心的人了。

• 保护好自己的最好办法就是“避开他们”，不再跟他们有所接触或沟通。至少降到最低、最低的程度。

• 不要跟他们纠缠不清。

• 不要尝试弥补已经无法弥补的事情。

• 质疑自己对不断制造伤害的对方的妇人之仁。

• “这是你欠我的”，以及“你跟我一样”是他们常说的。请记得，“你跟他们不一样”，同时，“无论在什么样的关系里，每一个人都有不被伤害的基本权利”。

你要意识到，“这个黑暗并不是你能处理的”，实际上你无法改变他们的性格结构。你能做的最好的事，就是带着孩子尽量平和安全地离开这样的关系，并在往后的数年里学习保护自己与孩子。

4. 欠缺感同身受能力的“自恋型人格”。

另外一种病态且受虐的关系，来自于与人格疾患中“自恋型类型”的人（以下称为“自恋型人格”）的交往。用简化的比喻来说，其就好比拥有一半的“反社会人格”特质，另外一半不同的，则是“自恋型人格”犹能够感受到“自身的”情绪与情感，因此在某些时刻确实是会痛苦、忧郁、恐惧、感受到被爱等。“反社会人格”则感受不到这些情绪与爱，一些生理研究发现，其仅有较原始的疼痛反应，鲜少有害怕、忧郁等感受。

“自恋型人格”的主要特征是“膨胀的自我感”与“欠缺同理心”，经常会放大与夸耀自己的重要性与过往事迹，自我中心且爱面子；难以辨认或真实看到他人的需要及感受；相信自己是优秀卓越、特殊且唯一的；需要大量的赞美与关注；认为自己应得许多权利；时常嫉妒他人或者相信他人正嫉妒着自己；在关系中，容易沦为剥削与利用他人的一方，无法和他人发展出公平互惠、有付出有接受的关系。

“自恋型人格”最容易被辨识出来的特征，其实是持续发生的“界线侵犯”。有时候这些规则、界线的违反极为明显，例如犯罪行为，其他时候则相对细微，甚至可能被视为正常的，例如欺骗他人自己未婚的外遇者，未经你同意便擅自取用你的所有物的手足或朋友，总是替你做决定的双亲，未先知会便大肆改变你的厨房、家具、衣物摆放的长辈等。重点是，这些界线的违反是规律且持续地发生。

处在与自恋型人格者交往的受虐关系，或受雇于自恋型企业老板的人，比想象中要常见。一方面是因为大众对这种人格特质的认识不足，另一方面也是因为当前的社会其实是鼓励这种自恋性格的社会，人们崇尚的许多名人都具备“自恋型人格”的某些特质，诸如不断出现性丑闻的明星球员、贪污的政治人物、剥削劳工的企业家等。

自恋型人格的父亲或母亲，也非常容易养育出自恋型人格的孩子。因此，若你的伴侣具备轻度到重度自恋型特征，或者便是那1%完全符合的典型自恋者，那么你需要更进一步地认识此种性格特质，学习如何“解毒”，保护自己与孩子，并养育出非自恋型的孩子。特别是在幼儿开始发展“真实自我”的重要阶段，学习情绪的调频，协助孩子减轻和学会调节羞愧等感受，继而发展同理能力，是非常关键的事情。

这些人格疾病在恋爱初期，经常是极为浪漫动人、充满强烈热情的，仿佛与你融合为“一”[3]。自恋型人格者在人群中时常特别突出，有某种表面的魅力与独特性，而在关系的最初阶段，被追求者可能明显感受到，从来没有人这样热烈地爱过自己，或这般追求自己，这爱情如此动人心弦，仿佛乘坐云霄飞车一般刺激且强烈。关系中期，则逐渐开始变调。

同理他人的能力，是爱的基础。因而“自恋型人格”其实是没有太多能力付出爱的。

③基本上有“自恋型人格”的人会把你看作“他”的延伸。实际上并没有“你”，只有“他”，一切都是为了“他”的需要而存在的。在热恋中因此特别有融为一体的感受。

此外，关系里会有许多的扭曲、渗透、剥削、贬抑、利用，使得置身其中的人的“自我”逐渐地消融、崩解。基本上这也是尽快结束为宜的关系。

5. 肢体暴力、精神虐待与各式成瘾行为。

无论是肢体暴力、精神虐待，还是各式成瘾行为，包括酒精成瘾、各种药物成瘾、性成瘾、网络成瘾、赌博成瘾等，在这样的关系里，清楚设立你自己的界线是非常重要的。当不管如何努力再无具体改善时，最好的做法便是毅然离开。你留下来与这样的伴侣一起受苦，对谁都没有真正的帮助，而孩子往往是最大的受害者。

6. 好的指标。

• 具备感同身受的能力，能够倾听并体谅你的痛苦，为你所遭受的感到心疼。

• 真切地为外遇行为伤害到你与你们的关系感到懊悔、难过。

• 愿意看到自身黑暗、深刻地认识自己，同时在关系里能够说出他的真实，并“致力于沟通他的真实”。

• 不会因为害怕冲突或害怕失去爱而不敢沟通自己的需要和感受，至少愿意学习。

• 理解有必要去处理过往未疗愈的伤痛且愿意这么做，探索并完成未尽事宜。

• 聆听并尊重你的观点，即使和他的观点并不相同。

• 把你看成独立的个体，而非他的延伸。

• 多数时候是能说到做到的人，重视自己的承诺。

• 理解关系的经营与维系是需要投入许多心力的，而其有意愿为更好的亲密关系而努力，也确实能付诸行动。

外遇发生之前，你们的关系质量如何

另外一个值得去思考的问题是，在外遇发生之前，你们整体的关系质量为何？是否是一段彼此都满足、快乐的关系？你们是否是合作良好的父母，无论关系如何，依旧愿意为了孩子而控制情绪、共同合作？

这段关系是否还有机会成长？是否能够逐渐从低意识走向高意识？是否仍有机会去符合各自重要且合理的期待和需求？而那又是什么？同时，外遇的那一方也需要去思考，问题是否出在你的“期待”而非伴侣身上？

以上，都是需要你们逐一审视的问题。

双方都有诚意的复合

很多关系都是值得再努力的。一生当中，我们都可能会犯错，有时关系也需要留下一些容错的空间。有关“危机”最好的定义之一便是，“声嘶力竭地寻求改变”，所有危机都提供了审视现状继

而向上提升的契机。重点是，我们是否愿意，以及究竟能够从这些错误当中学习到什么。

有潜力且有希望的关系，除了前述“口头的保证”与“实际的行动”缺一不可外，还须具备较多良好的预后指标。整体来说，双方都有意愿探索外遇的意义，并适当地分担责任。外遇能够被摊开来谈论，各自的情绪也都能适度地展露并被温柔地承接。外遇者额外需要采取一些致歉与弥补的行动，使受伤害者感到能被抚慰与重新获得安全感；此外，双方仍都需要对婚姻中的问题与重建亲密采取“均等”的行动。

除了外遇事件本身的意义、发生的时间点（是否有某些重大人生事件一并发生），可能还需要往内挖掘外遇者某些“合理化外遇行为”的扭曲信念，这些信念若未能被辨认出来并充分讨论，外遇事件依旧有极高概率再度发生。这些信念诸如：

- 我只是犯了全天下男人都会犯的错，哪个男人不偷腥?
- 一夫一妻制不符合人类天性。
- 只要我的伴侣不知情，就不会有任何伤害。
- 我以为不会被发现。
- 我不必牺牲自己的需要，来让伴侣感到安全或快乐。
- 我从来没有承诺过要做个完人。
- 我有权力隐藏部分自我，不必和伴侣分享。
- 只要我没有真正爱上别人，逢场作戏没什么大不了的。
- 我跟他只有性的关系而已。
- 我无法控制我的冲动。

- 外遇让我变成一个更好的伴侣。
- 外遇满足我的需求，又不破坏我的家庭生活。
- 只要是出于爱情，就情有可原。
- 我的伴侣可能多少知道一点儿，但是他没有说过什么，所以应该还好。

此外，遭受外遇的一方，也需要学习避免以过往的“外遇行为”作为“情绪勒索”的手段与筹码；同时需要认识到，疗愈伤痛与平抚情绪的工作，绝大部分仍是自己的责任。仅通过外遇者提供抚慰、同理、陪伴、再保证与必要的协助是不够的，借由关系重建内在安全感与平抚伤痛，也只是疗愈的一小部分。而这个历程从来就不是一蹴而就的，多半比双方所预期的耗时更久、路途更长。

果断放下伤害性关系

不在没有能力爱人的人身上寻找爱

苏菲教派流传着一个故事。纳鲁斯丁在街灯下寻找他的钥匙，并非因为他可能把钥匙丢在那里，纯粹只是因为那边的光源充足。

并不会因为他是你的父亲或母亲，是你现任的丈夫或妻子，他就能够爱你。这些角色、法律上的关系、骨肉血缘，与对方能否充分且恰当地给出爱，其实并无太大关联。

也许，一直以来你不断在检讨“自己”，是我哪里不够好、能力不够强、嘴巴不够甜、不够有男性或女性魅力……所以他不爱我。然而你可曾思索过，也许这位至亲或伴侣“给出爱”的能力本身便是缺损的。

不要只因为街灯下的光源充足，因为某种身份与关系上的“便利性”，便执意在那里寻找“钥匙”。

除了无法给予爱，这些关系本身也经常是虐待性或伤害性的；抑或伴侣根本无意与你共同努力，也不再投注心力于关系上。此时，你需要学会放手，让爱自由。有一天，伴侣若能确实处理好自身的问题时，重新在一起也不迟。

让自己逐渐具备“离婚的条件”

许多关心的亲友忽略了一件事。他们可能不断责备当事人，何以不果断离开一段病态的或受虐的关系。先生不断外遇，初期还有一点补偿与歉意，到后期根本就明目张胆、无视妻子的存在，婚姻早已名存实亡，亲人与朋友痛心疾首，不明白何以当事人还不离开。

离开一段婚姻，是需要有“离婚的条件”的。包括：

- 经济能力。
- 独立生活的能力。
- 独处、处理孤单寂寞的能力。
- 合理的认知信念。

- 一定程度的自我认识。
- 家人或朋友至少一人的支持。
- 独自承担父职或母职的自信与能力。
- 分离的预备与决心，情感的抽离与道别。
- 行动力。
- 机会。

幸而，每一项都是可以培养的。

我的底线与我的选择

我很确定，在与前伴侣的这段关系里，我要的是“一对一”的交往。我并不反对多重关系，但那远不是当时或现阶段的我所要的。

婚姻的经营本身及育儿的长期过程，都需要双方投注大量的心力与时间。一旦不断有第三者的介入，很大程度便分散且耗尽了原本能够用来投注于这段关系与这个“家”的时间和精力。两个人在一起，随着关系本身的进程与变化，原本就有修不完的诸多课题了，若再加进第三人，实在是复杂到难以为继。

此外，对热爱治疗工作的我而言，我希望自己的亲密关系能够提供给彼此深厚支持和鼓励的良好后盾，而非关系本身便是生活变动及混乱的来源。这个世界里有这么多好玩有趣的人、事、物与体验，我渴望能把时间花在这些有意义的事情上，而不是随时得回头来观照，我的伴侣现在在谁的床上？我与孩子是否有得艾滋病或性病的可能？伴侣此刻说的话，哪一句是真的，哪一句是假的？我厌倦了臆测与谎言，也感觉到在有毒的关系里，爱不断地流失，整个人逐渐空乏且扭曲起来。

就许多层面而言，我的前伴侣是一个不容易中止惯性外遇行为的人。他难以真切地看出他人的需要，或对他人的痛苦感同身受。对当时的他而言，我并非一个独立的个体，而比较像是他的延伸或财产，用以展示、具有功能的事物。他被自己的恐惧与想赢、想成功的渴望紧紧绑住，看不到也无法理解我的需要、感受及权益；一个不具备同理能力的人，根本上无法爱人。

留在这样的婚姻里，其实有许多“隐藏的成本”，又叫“沉没成本”，是许多恐惧离开的人们未曾留意到的。这些隐藏或沉没的成本包括，婚姻中诸多既定职责（光是这些就能耗竭一位女性）；每一次外遇纷扰带来的强烈情绪负荷（情绪上的成本）；无法同枕边人真实亲密及赋予信赖背后极大的孤单与失落；重建新生活的机会与时间的流逝；以及当我自己极端不稳定与匮乏爱时，如何平稳且好好地照料孩子。

当时我曾开玩笑地对友人说：“不要教猪唱歌。你浪费了时间，猪也不高兴。”现在回头来看，显然当时心中仍有怨怼。而现在，却充满了许多对前伴侣的祝福与感谢，也感谢自己如此勇敢。

爱情，是很棒的礼物，却非人生的必需品。

对于致力于一段对方无意投入经营的关系，或者管好一个男人不出轨这件事，我一点兴趣也没有。我始终认为，这是个人的职责和选择。就算最终这段婚姻成功维持了“一对一”，驭夫有术，那又如何？我从来就无意驾驭任何一个男人！我希望他若与我在一起，那就是他自发的决定和选择，他会愿意并能够管束自己留在一对一的关系里。此外，我也很清楚地知道，有更重要与更有价值的事物值得我全心投入，而后者才是我这一生的使命与追求。

里尔克曾说：“唯有启程离开，事物的本质方能充分展现。”离开之后的这个距离，让我得以从全然不同的角度与高度审视生命中的这段经历。在我 30 多岁的生命里，没有任何一个时期比现在的我更感到“我”的完整与丰盈。生命是这样充满意义，人与人之间，无论相识与不相识，都存在着深厚的关联与相互影响。我经常感到沉静且满溢的幸福。

我也谢谢前伴侣所做的一切，无论是婚姻当中或者结束婚姻以后。倘若“这一世所有发生的事，都是灵魂们前世相约而成”的说法为真，那么，亲爱的伙伴，前世的你一定是我很好很好的朋友，此生才愿意出演那么艰难的角色。

内在的红玫瑰——连接你内在的直觉

在此，分享一个我所学到的方式，能够直觉式地感知你与你重视的每一个人互动的能量质量。

依旧请你找一个不会被打扰的时间与空间，让自己沉静下来。你可以通过静坐，或徐缓深沉的呼吸来稳定自己。

想象你拿着一朵娇艳欲滴的红玫瑰，放在你的腹部之前。这朵红玫瑰象征着你的活力、生命力与热情，代表着你独特且珍贵的那些部分。

让某个对你很重要的人，出现在你脑海里。你站在他的前面，把这朵原来置放于你腹部之前的玫瑰亲手送给他，与他分享你最深的热情与生命力。想象他会有什么样表情？他如何接过这朵玫瑰？接过之后又会做些什么？而这朵玫瑰最终会被如何处置？

再想象你的感受。这朵玫瑰在过程中是否灿烂绽放？或者逐渐变得泛黑、枯萎，甚至凋零？

如果你与这个人之间的互动是正面的，对方会

迷路
指引

所谓的“爱”，
就某一层面而言，
是协助对方保有他选择的权利。

即便你可能会失去这份关系，
依旧尊重他有知情并据此做出选择的自由。

喜悦地接下你的红玫瑰，同时变得更快乐，他也会同样细心呵护、滋养珍重这朵代表你最深的渴望、活力与独特性的玫瑰。而后，同等的能量会立即回流到你身上来。那么，这是一段相互滋养的良好关系。

倘若这朵玫瑰在赠送给这个人的过程中，变得奄奄一息、憔悴委顿，甚至逐渐死亡，你要好好问自己，为什么我还要把玫瑰送给这个人？如此害怕失去他吗？这是你想要的关系吗？你能不能够把玫瑰留在自己手上，然后由自己来好好地照料与滋养它？你能不能够把玫瑰留在手上，然后，走你自己的路？

05

爱·谎言·关系中的外遇

谎言赋予了欺骗者掌控被欺骗者的力量，不论欺骗者知情与否，说谎的模式无可避免地会扭曲侵蚀人与人之间的关系。

——哲学家 西塞拉·波克

我并不认为，发生在关系中的“外遇行为”一定是错的，或必定不能被允许；我其实不大喜欢“对与错”这样的二元区分。此外，我会倾向于认为，一段健康且充满爱的关系未必得囊括“爱与性的忠诚”。比起忠诚与否，更重要的是“真诚与尊重”，即“伴侣双方的知情和同意”。

也就是说，多重伴侣的关系，可以是一种选项。偏好同时间能与一个以上的情人交往的人，便与愿意且能够接受此种关系形态的人们在一起，而不是既要占着一对一忠诚关系里的许多好处，又不愿意放弃情感与性等其他方面的甜头。否则，在此心态下将衍生出许多谎言与欺骗，不仅仅是针对原来的伴侣，之于后到的第三者、第四者，多半也有相当程度的撒谎与隐瞒。

而清楚表态欲选择“一对一且保持忠诚”的关系的人们，也必须被尊重。若你偏好同时拥有多重关系，但今天你想在一起的伴侣很明确地告诉你，他要的是一对一的关系，那么，你可以选择不与他在一起而保有原来的多重关系形态。然而若你想要与这个人进一步发展，在与他的关系的存续期，你就需要尊重他的偏好，斩断其他暧昧的可能并努力保持忠诚。直到某一天，也许出现了另外一个人，你极为想要与他更进一步，在走到那里之前，你需要让原来的伴侣知道“你的真实想法”（即不打算再维持这段关系初时所要求的一对一的承诺），同时让他选择，是否继续与你在一起。他有选择说“不”的权利与自由，就像最初你有选择多重关系的权利与自由一样，这些都是需要被双方看见且尊重的。而若你的伴侣选择了离开，那么你需要学习尊重他的决定，放手让他自由；而若他选择了接受并留下来与你在一起，那么，他便必须去处理自己因此而产生的许多感受与觉察内在的“执着”，学习如何与“这个你”继续相爱。也或者，你们的爱包含允许彼此离开，踏上对各自最有益的生命的道途。

这样的关系，蕴含了“真诚”与“尊重”，真诚地分享交流，勇敢告知对方自己的真实，允许对方选择并尊重其选择。这才是关系里真正重要的本质。这样的关系，才是爱的关系，基本上是健康且自由的。关系的健康圆满与否，与有没有被另外一个人吸引，甚至发展成另一段关系，是没有绝对关联的。重点是如何处理与适应这样的吸引，何时遏止转化，何时鼓励甚至祝福。

谎言与权力和控制有关，与爱无关

威廉·窦赫提（William J.Doherty）在《心理治疗的道德责任》中提道："欺骗的目的在于'掌握权力'与'暗中保护自己'，而诚实（在体贴的情境之中）则是'分享权力'与'愿意显露脆弱'。"

关系中的谎言，是一种操控，并剥夺伴侣的权利。许多遭逢外遇的当事人，最愤怒的，其实并非外遇的发生，而是在生活与互动当中不断出现的谎言。例如一位当事人最感到生气的，便是她与前夫从相识的第一天开始，对方便在事实当中夹杂诸多谎言。例如对方当时告诉他，他已单身一年了，而我的当事人据此认为，这个男人确实从前段感情结束的伤痛中有所成长了。她认为，一个关系总是连续甚至重叠的人，在经历挚爱的离开后，能够实实在在让自己单身一年，难道不是一种值得肯定的进步吗?

这位男士的谎言，明显剥夺了我的当事人许多"知情"权，知道"对方相信的真实"与了解"对方认识的自己"，继而"做出自己的选择"的权利。

窦赫提对"诚实"另有一个很清楚的界定。他所谓的诚实，并不是指永远要说出事实上为真的真相，而是指说出一个人"自己相信为真"的真相。例如我答应你出席某场聚会，但我完全忘记了当天已有其他的重要安排，那么，我对你仍是诚实的，尽管我仍需要处理这个由自己的错误认识所导致的后果。"诚实的程度受限于我们对自己的认识，以及我们自我欺骗的倾向"，大多数人对自己的认识及觉察是有限的，也或多或少持有一定程度自我欺骗的倾向，因而，一个人最多也仅能说出，自己知道或相信为真的真实。

而“谎言”，根据西塞拉·波克的定义，则是“用陈述方式呈现，刻意欺骗他人的信息”。举例来说，前述那位当事人的前夫声称单身的那一年，先后仍与两位女性维持至少一个月以上的情感暧昧与性关系，并且女孩们认定他为男友。除非这位男士对“单身”有着超乎一般的特殊认定，否则他便是在对我的当事人“说谎”。

说谎是一个主动的动作，不同于只是不告诉你某件我已知的事情。“说谎”和“保守秘密”不同。前者编造了另外一个故事，并且是述说者自己都不相信的故事；后者则属于隐私的范畴，而每一个人都有合理范围的隐私。“诚实”其实也并不意味着，一个人就必须毫无保留、一五一十地坦诚他每个思想、感觉与行动。

然而，在关系中，因为涉及另外一个人“知的权利”与其他重大利益，个人“隐私的界定范围”就需要重新被调整。当一个人的某些信息关乎另外一个人的未来、利益、健康，或可能拥有的选择时，便不再属于隐私的范畴，反而是需要被分享与告知的。例如，你过往的性关系可能危及现任伴侣的健康；你怀有某些隐疾，可能使得与你结婚的对象在数年后必须照顾你或承受你可能较早离去的事实及后果；你有负债，必须定期偿还的金钱使得你的薪水无法全数用在家计维持上，或者必须花费更长时间工作，而这可能使得你的伴侣一方面必须担负起相较于你无负债时更高比例的家用，另一方面也可能须独力照料家庭的时间，比你无负债时更长。

若以外遇行为来看，你暗地里发展婚姻以外的关系，而伴侣却仍以“彼此都是唯一”的方式投入并照料着这个家与你的生活，你之所以有外遇的空当时间，是伴侣在“同时间”承揽了照顾幼儿、料理家务、照料你的亲人或工作赚取家用等“家庭职责”换来的。这种“隐瞒”，本质上便是一种对他人的侵占与剥夺。

《我的男人有外遇》的作者宋康姬曾描述了一个例子，对于将自己的外遇归咎于“一夫一妻制度不合理”的丈夫，这位妻子说道：

> 结婚15年，你认为我辛辛苦苦赚钱供你，在你谋官晋职的岁月里一个人养大4个孩子，这样做是为了什么？是因为爱你之深无法抗拒吗？是因为世界上没有你，我将无法活下去吗？你不会真的有这样的错觉吧？我告诉你，原因只有一个。对于我来说你是我唯一的丈夫，对于你来讲也只有我一个妻子。如果除了你，我还有一个丈夫，除了我，你还有一个妻子的话，我绝对不会这样生活。
>
> 在过去的15年里，你吃着我做给你的饭菜，用我赚回来的钱买衣服穿，还用那些钱来学习，孝敬你父母，叫喊着为了飞黄腾达必须工作，并把你的子女全数交给我的时候，怎么一次也没有提及这该死的一夫一妻制有什么不妥？……一夫一妻制是个套装，里面装着可以吃到对方提供的甜美果实的权利，也装着需要守住情操的义务和煎熬。现在只想挑出好吃的吃掉然后留下不愿意做的，你是小孩子吗？……如果你发现一夫一妻是那么地不合理，也应该告诉我一声。因为并不是只有你一个人被一夫一妻制紧锁着，我也被困在这个牢笼里啊。……这也太不公平了吧？

确实是有极大的不公平。“谎言”经常是为了独揽权利与独占好处，“诚实”则是愿意分享关系中的权利同时公平承担所该担当的一切，例如一夫一妻制里单一伴侣的单调与限制。即便在受欺者不知情的状况下，这些暗地里的行为依旧造成了实质的压迫与剥夺，并且一点一滴地扭曲侵蚀了一份始于爱的美好关系。

总而言之，隐私的界线与某些权利的让渡，在关系里确实是不同的。那不仅关乎“公平”，更重要的是，它与“真爱”有关。

另外一种常见的状态是：

“因为怕失去你，所以不敢让你知道。”

“担心若你知道真实的我是什么样子，就不会跟我在一起了。”

主流媒体多半会把上述情感塑造成“热烈且浪漫的爱”，是那么强烈，充满对失去的恐惧，渴求保有这份关系，即便欺骗与强夺也在所不惜。

我实在看不出来，在这样的状态里，“爱”在哪里？我只看到许多的恐惧与自利，而那本质上都不是爱。爱可能远在一万两千公里以外的大西洋里，或是渺小如你啃面包时掉在桌上的碎屑。

所谓的“爱”，就某一层面而言，是协助对方保有他选择的权利。即便你可能会失去这份关系，依旧尊重他有知情并据此做出选择的自由。

进化心理学如何看待外遇

爱到底是什么？一个人可以同时爱上两个人吗？或者三个人、四个人？抑或虽爱着眼前这个人，却对另外一些对象感到强烈的性渴望？想与某个人做爱，却不想与他在一起构筑未来？多数男人害怕承诺，多数女人则害怕有了性与孩子之后被抛弃？外遇是天性？一夜情究竟好或不好？一夫一妻制是否真的背离人性？

我想从截然不同的几个方面，对上述这些有趣的问题做初步的探讨，提供一些个人觉得极具启发性，且最终能够“促使个人发现自身力量”，以及“让人们彼此更相爱”的观点。这其实可以从“身体—心理—社会—灵性”4种不同的层次一一谈起，身体部分又包括基因与生理。受限于篇幅，我仅撷取其中几个有趣、较少被认识到，或者被误解较多的部分做分享。

让我们先从最古老原始的，编织在你我DNA中有关繁殖、配对关系与情感信息码的“基因层次”开始，带大家稍微认识曾由于某些政治目的而被恶意运用的进化论，了解修正与扩充后的“新达尔文主义”及“进化心理学”对爱、外遇与一夫一妻制的有趣观点。

人类天性与基因的情感设计的益处

去了解自己身为一个人，一个生理上的男人或生理上的女人，会被什么样的“生物本能”与“天生的驱动力”影响和驱动，是非常重要也极为有益的。当你对自己的基因、激素的分泌、潜意识里[1]运作的程序能有更多的觉察和洞悉时，你将会有更多的选择与自由，至少能够更清楚自己何以做出某种选择，何以如此强烈地被某些“情感／感觉／欲望”驱动。

①在此所谈的“潜意识”，是一代一代进化而来的，通过基因传递，每一代在时机到达时，都会以行为表现出来。而非弗洛伊德所指的“潜意识”，仅在该个体这一代之内发展出来。

“每个人身上都有基本的进化逻辑，但在内省时这些逻辑却显得晦暗不明。‘天择’似乎将我们的真我隐藏起来，不让意识自我察觉。就如弗洛伊德所说，我们会忽略最深层的动机，但其方式可比他所想象的更彻底，更习而不察。”罗伯·赖特（Robert Wright）在《性·进化·达尔文——人是道德的动物？》一书中，开宗明义地如此道出。

当你对这些隐晦的人类“天性”，或者埋藏在基因当中的“情感设计”习而不察时，你便难以摆脱其干预及影响。这也是我从进化心理学开始谈起的主要原因之一。

原因之二，是男人和女人在经历了极长时间的相互对立与压迫宰制后，也许到了握手言和的时刻了。而若要追求两性之间的双赢、合作互爱，建立真正的平等，愿意去了解并看到两性在生殖利益、大脑结构、身体组织、化学分泌等生物层面的差异，同时尊重这样的差异，是非常重要的。两性真正的平等，绝非早期女性主义者所强调的那种“虚假的齐头式平等”，而是奠基于对彼此差异的理解和尊重，同时移除无根据的、文化附加的差异言论，例如女生的数学天生比男生差。

女性主义者过往强调，男女皆有“相同的性欲”可能反而多少使得女性受到伤害。男女皆有性欲不假，但可能却不是“相同的性欲”，男性与女性一生之中性欲的演变、性的原始驱动力、性交的目的，以及觉得性感的异性，可能都有某些细微乃至巨大的差异。

在阅读有关进化心理学的论述时，很重要的是，你必须先能理解“自然不一定就是好的”，以及“你并不等同于你的基因”这两个观点。

诚如罗伯·赖特所提醒的：“首先，所谓一物是天择的结果，并不是说它不能改变。只要将环境予以改变即可——虽然在某些案例中，所需要的改变可能多到难以想象。第二，所谓‘自然’并不一定就是好的。我们没有理由必须得采用天择的价值观作为我们自己的价值观。但我们若想建立与天择相左的价值观，最好能知道我们在抵抗什么。”

乔·夸克（Joe Quirk）也提及：“自然的行为并不代表都是好的，疾病也很自然。谋杀、强暴、说谎及通奸，（在生物学上）这全都是很自然的事，就跟爱情、怜悯、信任，还有忠诚一样。基因是无关道德的，它在本质上就存在了道德与不道德两种行为以供己用。达尔文的选择说赋予我们一整套的情感，但它并没有告诉我们该选择哪一种行动。”

因而，有利于我们祖先的繁殖行为，在道德上不见得就是正确的，同时，过去极为有利的繁殖策略，未来不见得适用，甚至很可能不再合用。

男人与女人不同的“性趣”与“繁衍策略”

男人和女人的“性趣”有所不同，这主要是两性的“繁衍模式”不同所致。

在当代的进化心理学家眼中看来，男性的精子基本上是相当无价值的，女性的卵子则极其珍贵[②]。而这在某种程度上解释了智人种的男性何以热衷于与较多的异性做爱，同时较为害怕承诺，而女性则在床伴的挑选上平均而言显得较为谨慎且挑剔。

②这是达尔文终其一生都未能发现的简单道理。

男性一生当中，可以产出无数个精子，单次射精即可有一亿到三亿的精子量，其中一半都有缺损。此外，男性因为“缺少子宫”，遂得以获取许多额外的资源，其所摄取的食物养分几乎可全数用来发展肌肉、气力、生存与战斗等技巧，并且全然不需承担子宫拥有者需要承担的孕育及养育重担。男性的“繁殖策略”因而基本上是越多越好，是所谓的“精子散布者”。

而女性一生中所能产出的卵子量基本上是固定的，一颗卵子要比一个精子大 8500 倍，平均每 29 天半才能孕育出一颗卵子，同时这颗卵子几乎含有胚胎所需要的全部养分，除了精子所携带的线粒体。

单就为了发生“性行为”所做的投资而言，男女两性就有很大的差异。夸克提道：

> 纯粹以遗传学来讲，男性智人在性行为中所付出的投资，就只是一点求爱过程，再加上几分钟他在世上最爱的“运动”；接着，他马上就能随意逃走，希望可以再让其他女性受孕。
>
> 现在，再来看看冰河时期的女性必须为性行为所付出的代价：她得先冒险怀胎 9 个月，然后花几年的时间以母乳哺育一个无助的小婴儿；最后，再花 10 年，将一个难以控制的青少年养育成为一个能够自给自足的成年人。同时，还得防范她或其后代被任何肉食性动物攻击，并且避开企图强暴她的人，以及采集足供母子俩食用的坚果与浆果。此外，她还得提供足够的蛋白质给小宝宝。但是，当背上绑着一个小孩时，要追捕一只长毛象并不是件容易的事。
>
> 这是两种截然不同的繁衍模式，让我们以达尔文进化论的观点来审视这些不同之处。对一个每次射精能制造出多达三亿个精子的生物来说，什么样的繁殖策略才是最适宜的？那就是尽其所能地四处播撒他的精子。而对于每个月仅能制造出一颗卵子，一旦受孕就得花毕生精力去照顾后代的生物来说，她的

繁殖策略又是如何？当然就是做出精明的抉择。

因而，男人会想要尽可能地散播精子，性爱于他是多多益善的，然而若做出承诺便表示播送精子的自由受到局限，同时可能必须开始投注资源和劳力。女人对于性爱则较显犹豫，因为“拥有子宫”使得其要谨慎且精明地选择，哪些才是愿意提供资源与承诺的对象。这便是进化心理学对于“男人害怕被套牢，女人恐惧被抛弃”所提出来的解释。

更进一步来说，男性的繁衍策略可以分成“量的策略”与“质的策略”两种。所谓“量的策略”，便是前述所说的，精子散布者若能将自己的精子散布得越多越好，该男性的基因就能有更多的传承机会。而“质的策略”则是指参与孩子的养育过程，使得孩子长大成人的机会能够有所提升。基本上，由于时间、精力的有限，男性一生中能够养育的后代数目虽比女性多，但仍是有限的。

女性的繁衍策略则分成“妻子策略”与“情妇策略”，后者又称“性感儿子策略”，也就是在拥有长期的资源投注下，另外选择性感强健的基因。“妻子策略”，基本上是为了替自己与后代子嗣获取良好的“资源”；“情妇策略”，则是为了后代能有比较好的“基因”，具备了“性感”与“强健”③（见163页）的基因。同一个男人身上不见得同时具备这两种优势。

而现今存活下来的男人和女人，也就是你和我，我们都是古时候同时使用这两种策略，而有额外的小宝宝可以存活下来的原始人后代。因此，我们的基因中都同时拥有“双重的繁衍策略”。就某层面而言，这也是男性与女性即便拥有固定的伴侣，仍会受到他人吸引，感受到本能驱动力的重要原因。

也因为繁衍策略的不同，男人与女人会受到不同对象的吸引。让男人觉得性感和让女人觉得性感的那些因素并不相同。男性倾向于被女性的“生育能力”吸引，年轻、美丽（与健康、活力、对称是有关的）、紧致的肌肤、坚挺的双乳、看似很丰满臀部，通常便是丰饶生育力的象征；女性则倾向于被男性能够“提供资源的能力”吸引，而财富、地位、权力、勤奋及野心等，经常就是资源的象征，抑或未来能够获得资源的潜质。

总括而言，“精子与卵子本身的差异”，以及“子宫的有无”造就了两性截然不同的“性趣”与“繁衍策略”。男性是“精子散布者”，女性则是“子宫守护者”。男人希望尽其所能地四处播种，多多益善，男人风流；女人则谨慎且挑剔，试图选出最适合生养孩子的基因与资源提供者，女人的外遇因而发生在强健的基因与资源提供者不在同一个人身上之时。

③“性感”的基因，意指拥有异性觉得具备性吸引力的那些特征，不同物种或文化之间认为具有性吸引力的“异性特征”可能不同。“强健”的基因，则指具有与自己的免疫系统一定程度差异的另外一个免疫系统，通常是血缘越远越佳。

然而当物种拥有逐渐漫长的童年时期时，会有一个变项介入，即“雄性必须更多程度地参与养育孩子的过程”才更能确保基因的成功传递。因而，具备高度亲职投资的雄性，其后代将更具备竞争与传递基因的优势。

配对关系与一夫一妻制

为了共同孕育或抚养后代而形成的组合，在生物学上叫“配对关系”，人类将其制度化后就成为“婚姻”。一夫一妻制在自然界中是相对稀有的，哺乳动物中只有大约5%是一夫一妻制，其中多数是狗和猿类。而人类依据某些进化证据间接推断，则可能是轻微的一夫多妻制。

在“均贫”的社会里，一夫多妻制很自然地被遏制，因为当生活水平仅比足以生存略高时，男人若以他的资源去供应两家人，可能会养不起所有的小孩，甚至通通养不活；而即便他愿意冒险，也多半吸引不到肯嫁给他的女人。因而很自然地，均贫的社会里会实施一夫一妻制，生物学家理察德·亚历山大（Richard Alexander）把这称作“因经济因素而行的一夫一妻制”。

“较富裕且贫富差距较大”的社会中，若实行一夫一妻制，则多半是人为的，被称作“因社会因素而行的一夫一妻制”。贫富不均的社会所施行的一夫一妻制，多半只是一种人工雕琢的假象，实际上，在这些社会的表层底下，总不时会有一些隐藏的、顽强不灭的一夫多妻行径。例如现代社会中，许多女人宁可做有钱人的情妇，也不愿接受条件较差的男性所给的专一承诺。除此之外，也可能就是所谓的“连续性的一夫一妻制”，即离婚后再娶，一次一个但结婚多次，就某层面而言，可能是有钱男人连续霸占一连串年轻女人的繁殖岁月。贫富不均的社会里，无论名义上如何规范，实际上都有无法断绝的一夫多妻行径，而这种台面下的一夫多妻（比起正大光明的一夫多妻或名副其实的一夫一妻），对整体社会与多数人利益而言，可能都更为不利。

就社会整体的层面来看，新达尔文主义认为，在贫富不均的社会里，“一夫一妻制”其实是为了保障“不同阶层男性之间的公平”，而非经常被误解的，保障“男女两性之间”的公平，这是长期握有政治、经济决定权的男人们彼此之间的协议，将使绝大多数男性受惠，即每一个男性都有机会娶到老婆，然而却会使大多数女性吃亏，由于富有男人们的资源无法大大被分享，多数女人因而未能获得向上的社会流动④。

然而，若从个体层面与两性各自的立

④简单地说，在贫富不均的社会里，一夫一妻制，使得最有资源的男人得到最抢手的女人，但仅限于一个女人，其他没有那么幸运的男人，则至少仍可分得一个女人繁衍后代。而最抢手的女人则得益，因为将独占最多的资源，条件较差的多数女人则无法分享这些资源。因而一夫一妻制，最有利于多数下层男人与少数拥有美貌的女人。一夫多妻制里，则是较为贫困、条件没有那么出色的女性们受益，也就是较能均等地将男性的资产分配在多数女性身上，然而，贫困阶层的许多男性，则可能娶不到老婆亦无法有子嗣。因而一夫多妻制，有利于多数女人及少数有钱男人。当然，这是当世上绝大多数资产与经济力仍掌握在多数男人手中的时候（目前依旧如此）。故而，从新达尔文主义的

角度看来，强化家庭价值与一夫一妻制婚姻的最佳方法之一，其实很简单，便是“使整个社会的所得分配更为平均”，贫富越趋靠近，女人就会想嫁给未婚男人而非有钱的已婚男子，如此人们的婚姻自然将更为稳固。

场来看，一夫多妻制其实对“精子制造者”的基因较为有利，一夫一妻制则对“子宫拥有者”较为有利。在一个男人可以拥有多个妻子的社会里，这种婚姻关系中孩子的存活率比一夫一妻制小，第二任与第三任妻子的孩子们的存活率又比第一任的更小了。整体来看，对男性而言，拥有多个妻子在繁衍上具有较大利益；对女人来说，成为众多妻子中的一员，却可能有较少的子嗣留存，除非在极少数的两种例外状况里：第一，当这个男人拥有的财富和他所需要供养的人数不成比例的时候，例如他有钱到可以养30个老婆，却只娶了10个的时候；第二，在疾病肆虐的贫穷社会中，存活成为最重要的事，女人们宁可共享一个健康的男人并生下健康的孩子。在这两种情况里，女人比较能够自一夫多妻制中得利。

因而，到底何种婚姻制度较为有利，在整体与个别层次、不同的社会状态与经济条件下，仍莫衷一是。

附带一提，其实，在不具备“配对关系”的物种里，雌性的性嫉妒并不存在。而即使具备配对关系，雌性的性行为，有时也不仅是为了能够孕育后代，而是为了保有后代，让后代持续受到良好的照顾。也就是，性行为在进化的某个阶段，已成为一种“社交策略”，以及“维持并巩固配对关系的方式”。人类以外的许多物种亦然，持续发生性行为，甚至与多个不同的雄性交配，目的在于让孩子能够受到更多雄性的共同保护，或拥有同一位雄性的长久照顾。换句话说，与丈夫所发生的性行为，主要功能是为了维系配对关系；而与外遇对象所发生的性行为，主要功能是获得性感的基因，次要功能则是与可能的丈夫替补人选打造关系。一切都是为了孩子。

人类的“爱”与情感，不过是进化的执行者

基本上，基因并不是为了让我们开心而设计的，反倒是会“设计我们”以制造出更多它们的复制品来；天择引导我们做出某种行为的方式，并非使我们有意识地一再算计，而是使我们具有热烈复杂的“情感”，以情感取代计算。因而，在进化心理学者的眼中，所谓的“爱”或“热恋”，不过只是进化的执行者罢了。

当你的基因希望你繁殖的时候，最不希望的就是你能够清晰地思考。“本能”是由古老的爬虫类大脑（脑干）与原始哺乳类大脑（边缘系统）所掌控，其源远流长远大于近期才出现的人类大脑（新皮质）所主导的“理智”，因而爱情的生物功能便是让你变得热情、冲动且愚蠢——就基因的利益而言，则是太聪明了，使本能行为有机会可以跨越思考。必须如此设计，也是由于许多时候，“天择想

要的”与“个体想要的”不见得一致。

当你感到仿佛被强烈的爱与渴望驱动的时候，其实可能正是你的基因遵循自身利益的作用。有无数的例子可以证明，当生物在以达尔文观点择偶时，往往不清楚自己正在这样做；抑或在繁殖岁月中出现求偶、交配、结成配对关系等强大渴求时，并未意识到此种内在深沉的渴望其实是源自 DNA 复制自己的需求。

我们每一个抉择，都在为后代塑形

进化心理学中提到的某些男女两性的倾向与特性，是种“平均值”或“群体的多数”，而非普遍性的正确。亿万年来的“性择”[5]，让男女两性各自的行为除了有“性别之间”的差异，还有“性别之内”的差异存在。因而不会是每一个个体或事例都吻合其理论模型。这就好比“身高”，有些女人比较高，有些男人比较矮，只是平均而言，较高的男性与较矮的女性是横跨各种文化的大多数而已。这是必须先认

⑤能导致成功交配的因素归为“性择”，与“天择”不同。

识到的。

此外，尽管基因转变的速度极慢，但进化确实仍在进展中，因而男女两性的互动充满着“可能性”。一万年后的男性是什么样子，其实是现今的女性共同的抉择所塑造出来的；同样，女性的进化也是由男性所推动的。特别是在许多有着漫长童年的种族里[6]，女性的抉择，会在进化过程中“调教”出“对后代更有益处”的男性。逐渐漫长的童年，只会促使男女两性彼此的关系进化得更加紧密！

⑥智人种即拥有在自然界里极为不寻常的漫长童年。

只要五千代左右便可以将狼变成吉娃娃狗，或者沿着另一条线发展成为圣博纳犬。同时，只要“选择的压力”够强，即基因被淘汰的速度够快，进化的脚步便会迅速起来。

让一切变得可能的“性择”与“亲职投资理论”

特里弗斯（Trivers）如此定义“亲职投资”（parental investment）：亲方对单一子女所做之投资，此投资能增加该子女的生存机会，该子女的繁殖成功率也因而增加，并以亲方能够对其他子女所做的投资为代价。

在某个时间点上，人类的进化中加入了“高度的雄性亲职投资”。尽管人类的雄性亲职投资仍不及雌性亲职投资，但显然已经比灵长类的平均值高出许多。有几个原因逐渐促成此种高度的雄性亲职投资，包括“子代的脆弱性与漫长的童年时期”，雄性对后代付出的多寡与该物种“童年时期的长短”有些许关联，童年时期越长，雄性动物越倾向于照顾他们的后代；“雄性投资的成本下降，报酬却增加了”，现代男性比过去狩猎时代更容易获取大量的蛋白质，抚养妻儿便成为可行之事；以及“有父母相伴的孩童可能比单由母亲照顾的孩子更具备学习与竞争上的优势”。

高度亲职投资的雄性，是逐渐进化而来的。“父亲”的角色在演化过程中逐渐超过了“浪荡子”。会留在女性身边共同养育幼儿的“男人”（好伴侣与好爸爸），与认为忠诚的伴侣比花心不顾家又游手好闲的男人更性感的“女人”（对好伴侣与好爸爸的偏爱），这样的配对组合将可以留下更多能够长大成人且具备竞争优势的后代。这也是为何前面说，女性的抉择会在进化过程中“调教”出“对后代更有益处”的男性，这些男人与其后代将有更多机会留存下来，其实就是“性择”的作用。也就是说，好伴侣与好爸爸将拥有更多能够传递基因的优势后代。

由于卵子的稀少性，对性道德观有较大影响力的其实一直都是女人。因而，你想给你的后代什么样的伴侣与父亲，就从你此生所做的选择开始。

如前所述，天择似乎会将这种“成本—收益”的计算转化为“感情”，特别是爱的感觉。不只是“父爱”与“母爱”，对孩子的强烈深刻情感，来自于天择的结果与基因的驱动，也包括男性与女性若要结合成一对稳固的伴侣，齐心照料孩子多年，若能有“爱情”与强烈两性连接的发展，对基因会是最有利的。

“当虔诚信奉正统派基督教的人，去谴责那些他们认为‘非自然的’性行为时，他们真的大错特错。人类（相较于其他物种）之所以变得反常、变态，并不是为了繁殖。人类反常的目的，是为了维系婚姻。”即性行为才是常态自然的，配对关系的维系却是近期才渐渐进化而来的。夸克因而认为，挽救家庭最有效的方法，就是与你亲爱的配偶创造并享受更富有创意的性活动！

用生理学解读“情欲”这回事

爱情激素与神经传导物质

基因如何运作此种“情感”？部分答案也许就在男女两性不同的脑部结构，与爱情激素和神经传导物质的分泌当中。

爱情与吸引力的作用，就如同强效的药物，并且确实是会上瘾的。

恋爱的每个阶段，高度分泌的激素并不相同。在两人相互吸引的时期，大量分泌的是“睾酮（雄激素）”与“雌激素”，此两种激素男女皆有，只是分泌的量依性别不同而有极大差异。“睾酮”是与“情欲”相关的激素，当其分泌较多时，容易感受到对某些人较强的性欲，积极、旺盛的活力与行动力等。此外，吸引时期也会受到一氧化氮与费洛蒙一定的影响，特别是后者，你个人的“气味”相当程度决定了你对对方的吸引力，这是由于我们鼻子上方的嗅球和大脑隔核（掌管勃起的中心）直接相连的缘故。故而许多“一见钟情”其实是“一闻钟情”，只是个体未必意识到这些生物化学的作用。

热恋时期，恋人们满脑子都是对方，这时大量分泌的是正肾上腺素、多巴胺、血清素与苯乙胺。其中最重要的，与热恋时高度的亢奋与欢快感受有关，让你对爱情“上瘾”的罪魁祸首之一，可能就是多巴胺了。多巴胺使得恋人们像老鼠按杆子一般，不断地重复追求可带来如此愉悦满足的事物。大约3天便开始形成“迷恋”，30天便能在你大脑中形成固定的神经回路，60天后便是一个顽强且相当难以消除的路径了。高多巴胺通常伴随着低血清素（两者似有拮抗作用），后者与强迫性的意念及行为有关，这也就是你做任何事都无法不想到他，不断地想见到他，甚至执迷不悟的原因之一。

热恋并不全然是一种情绪状态，它更激发出强烈的行动“驱动力”，是大脑报偿系统的一部分。生物机制是相当巧妙的，要不是这些与着迷、爱恋有关的化学物质排山倒海而来，负责警告我们，潜在危险的大脑抑制中心就会占上风，人们就比较难结成配偶，从而复制自己的基因。

除非这段恋情受到外力阻挡，否则心醉神迷的感觉不会永远持续下去。神经科学家认为，大约在半年到两年的时间，大脑就会将其切换到低速挡。这样的减量是身体与生俱来的智慧，避免人们耗竭与崩溃。但许多人会误解心跳不再加速、欢愉感受减少、爱意/吸引力强度的降低，是因为他已不再爱对方了，因而分手、离婚，再去寻觅其他性伴侣、爱人或其他物质刺激，尝试找回曾有的兴奋与快感。其实这是每一段关系必然会经历的历程，这也代表了你们正在往下一个与信任和承诺有关的真爱阶段前进。因而当你感到爱恋与感受趋于平淡时，是关系更踏实地往前了。了解这一点是非常重要的。

与“承诺”有关的化学物质，是“催产素”和“血管加压素”。催产素也就是母亲在怀孕、生产前后会大量分泌的一种物质，使得母子间形成强烈且深厚的连接，与依附关系形成和信赖感的提升有关，在抚触、性爱与性高潮时亦会大量分泌。因而，一夜情容易擦枪走火，确实有生物学上的原因，催产素的分泌使得原来只是性的关系质变出情感的连接与依恋。即便是男性，一般时刻催产素浓度皆明显低于女性，但在性高潮时，其分泌的量却会激增5倍，使得男人也可能在性爱后不小心爱上女人，尽管概率比女性低。此外，催产素还具有失忆的效果，使你暂时忘记对对方的不良观感与感受。

催产素作用于女人身上的方式与男人不同。对女人来说，催产素有助于降低压力，女人在做爱后容易觉得放松、愉快、莫名地信赖对方、与对方有很深的连接，便与其大量分泌有关。然而，催产素与血管加压素却似乎会增加男人的压力。由于此两种化学物质疑似会干扰多巴胺与正肾上腺素的生成途径，同时也与睾酮有互为抑制的关系，因而做完爱后，男性的睾酮含量会降到比平常更低的程度，男人因而感到不对劲，较平日更为脆弱，主动性与活力下降，于是，自然而然地会想要抽离。通过独立的空间与时间，让体内睾酮浓度恢复正常后，自然又有动力接近伴侣。

与前述类似，有些男人会误解此种"做爱后想要抽离"的反应为自己不是那么喜欢对方，或为自己这样的状态感到疑惑，有些人甚至转而再去追求其他女人……其实可能只是体内睾酮的浓度需要一点时间恢复正常罢了。

催产素的不同作用方式，使得女人比男人更容易在发生性关系后盲目黏上对方，做爱前很清楚知道对方是个浑蛋，然而在发生关系后却开始无法自拔，仿佛有种自己也无从解释的信赖感与特殊的连接感，其实不过是激素的作用，在其他对象或事物上都可以发生，却误以为只有这个男人能够给予自己这样的感觉，于是戒不掉这段关系。这正是吸毒上瘾的历程。若要谈"性爱分离"，单就基因与生理层面来看，女人确实要比男人更为困难。

关于睾酮的有趣研究

曾有一些有关睾酮的大型调查研究发现，睾酮含量较高的男性，相比含量低的男性，离婚的可能性增加了 43%，外遇的可能性提高了 38%，结婚的可能性也减少了 50%。研究者推论，这与睾酮分泌量较低的男性可能较不具攻击性、亲和、愿意合作，也较有意愿结婚并为维系婚姻而付出努力有关。

进化心理学者约翰·曼宁（John Manning）则做了一些有趣却也备受争议的研究。他研究男性与女性“食指与无名指的长度比”（2D ： 4D）。手指长度的测量是从指头与掌心相接皱褶处底端的中心点，量到指头尖端，指甲不算。曼宁发现，男性的比值平均为0.98（无名指比较长），女性则平均为1（食指与无名指一样长）。而 2D ： 4D 的比值可以用来预测个人男性特质与女性特质的发展程度，例如就男性而言，若比值为 0.94，便是显著的男性化，比值为 1 则较为女性化；女性若为 0.98 则较显男性化，1.02 则相当女性化。后续许多不同的研究，针对男性特质与能力较容易发挥的特定领域，诸如杰出的体育选手、知名音乐家身上，确实都发现支持的证据，这些男士其无名指多半显著较长。

曼宁认为，这与人们在子宫中接收的睾酮浓度有关。当胚胎于受孕那一刻接收到父亲的 Y 染色体时，母亲的子宫会在胎儿约 6 周大时，开始分泌大量的睾酮，而子宫中睾酮的浓度也是决定食指和无名指长度，以及阴茎长短的关键因素。睾酮浓度越高，无名指便越长，阴茎也会相对较长。因而由一个人的“食指与无名指长度比”，其实便可以推测其睾酮分泌的高低。过高或过低都可能有害，适中才是最健康的。

但请记得，无论如何这都不会是百分之百的关联，充其量也仅是较高一点的发生概率而已，不是一定会发生。我相信，仍有相当比例睾酮分泌的男性，能够通过其他方式来平衡化学物质的影响，从而维系良好的一对一关系。

而目前已知，在生理层面上，和“男性承诺”的意愿与能力有关的因素，除了“睾酮浓度”，“血管加压素”[7]似乎也有相当的关联。此外，“大脑前额叶皮质”运作的健康与否，也有重大的影响。前额叶皮质活动健全的人，可以有较长的专注力与较多的合作，较有同情心，较少去寻求刺激，较少冲动。前额叶脑部活动过于活跃或低落，关系都容易出问题。所以，健康的关系，不仅源自健康的心理与人格，也源自健康的生理和大脑。

⑦血管加压素，目前被认为是一种与男性承诺有关的激素，也和对性的持续渴求、忠诚、自信、支配性与领域的标定有关。由雄性田鼠的研究发现，血管加压素的含量与分布模式似乎决定了顾家型好爸爸和浪子型爸爸的差别，含量高的明显较为顾家，此外，血管加压素在大脑中呈现某种分布模式的田鼠，施行一夫一妻制，非此特定分布模式的田鼠则否。

不同社会文化对“外遇”的有趣解读

不同的文化对于“外遇情事”，其实也有大异其趣的解读，这也说明了“外遇”的意义某种程度上是社会文化所建构出来的。美国记者帕梅拉·杜克曼（Pamela

Druckerman）曾走访15个国家，逐一记录其对“婚姻中的外遇事件”的不同诠释，她认为各国之间的差异，可以从人民描述外遇的方式看出一些端倪。举例如下：

国家	描述外遇的方式
美国	“在一旁”另有他人
瑞典和俄罗斯	“偷溜到左边”
以色列	“到一旁偷吃”（据说这种说法非常粗鲁）
日本	“走岔了路”
爱尔兰	“越位”（运动专有名词）
英国	“客场比赛”
荷兰	偷情就像一趟“在黑暗中捏猫”的历程
法国	“到其他地方瞧瞧”

有些措词明显降低了外遇的严重性，例如：

• 一段“美好的中场休息”很难令人火冒三丈，这是印度尼西亚人对于不会威胁双方婚姻的外遇的说法。

• 在南非，拈花惹草的男人叫“乱跑的人”，同时暗示他应付幽会所需的旺盛体力，以及被妻子追着跑的事实。

• 在特拉维夫，若是妻子红杏出墙，邻居可能会耸耸肩说：“被绑的母马也会吃东西。”

以上都是非常有趣的文化现象。亲爱的，我只是想借此告诉你，外遇这件事，就只是外遇而已。

从另外一个角度来看，在当今多数社会名义上“一夫一妻的婚姻制度”底下，才有所谓“外遇”的产生。香港大学的周华山教授，曾深入描绘了云南省泸沽湖畔摩梭人——俗称“女儿国”的“走婚制度”。母系社会的摩梭人，由女性当家，无父无夫，重女却不轻男。成年后的女子不媒不聘，长辈只在家中为女儿准备单独的房间，以接待情投意合的男子。男人晚上来，天明去，生了孩子便交由女方的大家庭抚养，男人可以前来认亲，也可以就此撒手不管。

摩梭人用以维系感情与关系的，不是“婚姻制度”，而正是“感情”本身。男人和女人，都有很大的情感自由与情欲空间。然而，很多女人一辈子仍是只跟一个男人走婚，而男人也有情有义，会持续地送礼或农忙时前来帮忙。在这样的社会制度里，没有为情自杀或杀人的人，没有占有欲，没有“处女”这种待价而沽的概念，自然也没有外遇与否、家庭破碎的问题。

三种不同意识层次的爱

进入关系的动机，决定了这段关系是否健康

《让爱自由》的作者李安妮说：“进入一段关系／婚姻的动机，基本上便决定了这段关系／婚姻是否健康。”不仅仅是进入关系的动机，你进入关系时的整体状态也是非常重要的。她曾细腻描绘了美国心理学者戴维·戴达（David Deida）三种意识层次的关系形态，我简单摘录如下：

第一个层次，也就是“低意识层次的关系”，进入这段关系的

当你格外渴望爱情时，
回过头来观照你的状态。

通过诚实地问自己，
“此时想要爱情的动机何在”，
你将会有很好的洞见与觉察。

动机是“以‘我’为中心”，是为了满足“小我”的需求。常是因为双亲的期待或社会的价值观，例如认为结婚或拥有爱情才是正常的，因而交男女朋友。故而进入关系的动机可能是为了结婚、传宗接代、让父母放心、有张长期饭票、拥有合法性伴侣、孤单时有人陪伴、被疼爱的感觉、面子、社会地位与名分等。即需要通过另一个人或婚姻本身，来获取爱、安全感与小我需求的满足，这些都属于低意识的关系。

在这个层次上的关系，有许多的“条件交换”。我用我的年轻美丽与性感，换取你的经济照顾与社会地位；我会疼爱你，但是你要听话；我与你结婚，供应你衣食无虞，你得放弃你的事业，料理家务，照顾老小。而这也经常是媒体吹捧的关系形态，我需要你才能完整；没有你我就活不下去；我幸福快乐与否，取决于你如何对我；我们拥有彼此，也独占彼此。

当你发现你目前或过往的关系形态便是如此时，不需要去批判自己。因为我们每一个人都一定有那个低意识层次的自己，那是集体意识的一部分[8]。你只是需要认识

⑧特别是在女性还无法经济自主的时代，婚姻是生存和获取安全感所必需的。

到，对低意识关系的追求与执着，同时也是生命中诸多痛苦的根源。而所谓的意识“提升”与“自我成长”，其实就是学习去看到这个层面的自己，从而使自己能够逐渐地从“低意识”走向“中意识”，最后再到“高意识”。

第二个层次，也就是“中意识层次的关系”，进入这段关系的动机是“以‘我们’为中心”。或许包含了一些第一层次的意图，但主要是为了完成两人共同的目标与计划，例如共同组织一个家庭、一起抚养照料孩子、合力创建一家公司或一份事业、家族事业的联盟等。

这样的关系会比较注重公平、平等。但若这个共同的目标、事务或孩子，不如你期待的，抑或变动消退时，关系可能就会濒临瓦解。或者，这个关系难以脱离或结束，是因为有太多其他层面的事物，例如金钱、事业版图、名声、人脉、朋友交织在一起。

第三个层次，则是“高意识层次的关系”，进入这段关系的动机是“以‘自我成长／心灵成长’为中心”。也许包含了一些第一与第二层次的意图，但主要是通过分享彼此原就具有的爱，同时鼓励双方各自活出自己生命的热情与实践目标。即便那意味着可能的“分离”，甚至关系的结束，仍支持对方不断地成长与提升——我很喜欢安妮的用语，“支持彼此活出最高版本的自己”。

在这样的关系里，跟对方在一起时很开心，你一个人的时候也很开心。你能够为自己的生命与所有的感觉负责，能够表达真实的感受、真诚沟通、尊重自己也尊重对方。你会感恩并喜悦于这段关系，却不会执着于关系／婚姻本身。你不会在乎谁给的爱比较多，只会看到更多能展现你的爱的机会。你也不会把“爱自己”的责任交托给他人，即便没有对方，你也很扎实地爱自己，感受到丰盛喜乐。这样的爱会扩及所有的人、世界与众生，而非两个人的世界越来越狭窄，最后只剩下你和我，顾不得他人。

倘若你想要你的关系／婚姻健康、快乐，势必得从“低意识”进展到“高意识”。中意识包含了低意识，而高意识则包括了前两者，每个意识都拥有下层意识阶段的特质，所以我们其实是要“拥抱低层意识的自我”，而不是拒斥、否认、批判它，如此才能在如实接纳的前提下，逐渐地往更高意识提升成长。

而所有外在的人、事、物都是流动且不断在转变的，这就是世间“无常”的本质。当你的爱与承诺是建筑在这些不断转变的“人”（伴侣）、“事”和“物”（婚姻、关系）当中时，你早晚都会失望。唯一不会变的，是“彼此成长的机会”，自我成长是一辈子的道途；支持彼此活出最深的热情、此生的使命、最高的可能性，成为那个“最高版本的自己”。那才是我所认为的“真爱”。

当你格外渴望爱情时，回过头来观照你的状态

通过诚实地问自己，“此时想要爱情的动机何在”，你将会有很好的洞见与觉察。那些你期望通过爱情得到的，正是你当下的匮乏、失衡或不满足，需要由你学习来给予自己。以下是一些常见的状况：

- 是否因为已到某个年龄，非常害怕自己再也无法拥有感情，

或者恐惧自己可能无法结婚?

- 是否处在特别空虚的时期,例如刚结束一段伤透自尊的感情?
- 是否在学业、工作、事业、生活抉择上遇到了一些问题或困难?
- 是否对自己感到特别没有自信，怀疑自己的吸引力?
- 是否很想逃离原生家庭的控制，通过与另外一个人成立家庭来合法“离家”？
- 是否想寻找父亲或母亲的替代?
- 是否感到缺乏爱?
- 是否感到生活平淡无奇?
- 是否觉得赚钱很累且困难，想要找个人来减轻经济负担?

这些都是不健康的进入关系／婚姻的动机。而你在什么样的层次，其实就会吸引到那一个层次的伴侣。当你怀抱着这些动机寻觅对象时，你的伴侣也会是怀有某些较不健康的动机而被你吸引的。

06

顾全与保护孩子

每个孩子至少需要一名成年人“毫无道理地全心全意爱着他”，正是这种情感联系，让孩子能够成为心理健康的人。

——天普大学心理学教授 劳伦斯·斯坦伯格

转变为合作的“伙伴父母”

我衷心期望，每一对因各种理由而决定终止婚姻关系的父母，都能努力从爱人、怨偶、最亲密的陌生人转变为合作的“伙伴父母”。与孩子的关系，本就该独立于婚姻关系来看待；离婚，代表的是婚姻关系的结束，绝非亲子关系的结束，无论监护权归属于谁，致使关系破裂的直接过失者为谁，都需要重视父与母各自与孩子的关系，以及双亲共同与孩子的关系。

我很喜欢詹姆斯·奥瑟·雷所说的：“承担责任，并不表示你错了。很多事情根本不是你的错，但你还是得负起责任。”无论因为什么样的原因，你选择结束这段婚姻，或者继续婚姻，你都要记住，孩子是无辜的，且相对于成熟的个体明显脆弱许多。而将孩子保护周全，是你责无旁贷的责任。

许多时候，双方专注于思考如何帮助并适当地爱孩子，会比“两人之间的嫌隙及怨恨”重要，也有意义多了。

孩子并非你或对方的延伸

常见的一种情况是，父系或母系一方的人，看着孩子逐渐成长的模样，突地冒出一句：“这孩子越大越像她妈妈。”评论的同时，不自觉地皱起了眉头，语调中微微带着厌恶。或者是孩子犯了什么错时，破口大骂：“跟你爸爸一个样儿！”更甚者，将孩子看作“前一段婚姻的残留物”……我能明白某些自然而然的挫败感及纠葛的情绪，然而这些态度与行为，都让我为孩子们感到心疼。

有些当事人也会跟我说，她们有时会想：“如果孩子不是和那个人一起生下的，那有多好。”

我用朱迪·皮考特（Jodi Picoult）在《小心轻放》这本小说里的一段话来做说明。这是一本有关成骨不全症，也就是俗称“玻璃娃娃”的感人故事。而说话的人，是患者的母亲。

其他人看着我，心里想着：“那个可怜的女人，她的孩子是残障。”但我每次看着你，我只看到眼前这个小女孩：三岁就熟记皇后合唱团《波西米亚狂想曲》歌词；每次有雷阵雨时总会爬到我床上来跟我挤——并不是因为你害怕，而是我会害怕；你的笑声总是像音叉般在我体内振动。我永远不会希望自己拥有的是肢体正常的孩子，因为如此的话，那个孩子就会是其他人，而不是你。

那正是我要表达的。让你深切爱着的，不就是眼前的这个孩子吗？他有着自己独特的个性、脾气、身形与样貌，若非是与那个讨人厌的家伙一起生下来的，若非有了这么一段婚姻，那么，就不会是“他”了。

孩子，是独立于双亲的个体。每回若有人对着我的孩子说什么真像妈妈，哪里真像爸爸，而我若感到似乎有着言外之意存在，我就会温和地补上一句：“他只是像他自己而已。”

亲爱的你，学习去爱孩子原来的样子，并试着将“孩子”与“伴侣／婚姻”独立开来看待吧。

家庭中的情绪氛围远比物质环境重要

许多父母对孩子传达爱的方式，是努力提供充足的物资与优质的生活环境，如豪华舒适的住所、精心布置的儿童起居室、名牌服饰与鞋子、各式各样的玩具、昂贵的学龄前课程、脑力开发与各式才艺补习等，然而却很少留意到家庭中的“情绪氛围”对孩子的影响。整个家庭的情绪氛围对孩子身心安适与健康的影响，其重要性远远超过物质环境的舒适豪华与否。

家庭的“情绪氛围”，来自于双亲与孩子之间的互动、家人彼此之间的关系（同住的长辈或手足等），尤其重要的是，爸爸与妈妈之间的互动氛围。良好的情绪氛围，是轻松、平和、真诚、包容，且实实在在的亲密；你知道你可以很自在地做你自己，而那是会被尊重的，这个家有你说真话与表达情绪的空间①。

①我把它叫作“情绪空间”，也就是允许自己或对方感受并表达情绪的那个空间，而这是需要为自己、伴侣与孩子创造的。此外，在表达自身感受时，每个人都需要学习以不批判、不指责、适切担负自身责任的方式传达你的情绪，如此这个“情绪空间”便是健康的。

良好的情绪氛围，绝非家人之间不允许有冲突，这是经常被误解的部分。那种从来不吵架、表面平和却难以沟通彼此真心话的婚姻，同样潜藏了很多问题，并且对孩子的亲密关系与情绪表达经常有极负面的影响。例如时常传递给孩子的一个错误信息便是“感觉应该被压抑”，“因为我的负面感觉会伤人，所以是不可以被讨论的”，因此，伴随而来的时常是“真相是不可以问的”。这些孩子因而学会了麻木自己，关闭某些感觉，小心翼翼地维持重要关系的表面和谐；在扭曲的关系中亦无法断然离开；由于害怕伤人，无法与人真正地亲密等。

曾在美国华盛顿大学创设“爱情实验室”，以研究幸福婚姻而享誉全球的心理学教授约翰·高特曼（John Gottman）发现，幸福婚姻的正面互动与负面互动的比例大约是 5 ∶ 1。若此比例降至 3 ∶ 1，关系多半会出问题。然而若负面互动为零，多半也潜藏着其他问题。因而，良好的情绪氛围指的是，整体而言，在家中平和愉悦喜乐的时刻远多于冲突痛苦的时刻。

除了频率，冲突的方式还应该是健康的。何谓“健康的冲突”呢？简单地说，一是冲突当时的表达是否在一个“合宜的范围”之内，也就是完全未出现伤人、伤己②，或对关系本身极具破坏性的言语和行为③。二是冲突之后的处理，包括双方是如何和好的，以及是否能够达成一个彼此都能同意的协议。许多婚姻中的问题，都不见得能够获得真正的解决，但却有机会找到双方都可接受的妥协与平衡点，而健康

②有些人会在关系里通过伤害自己的方式来威胁、操纵、试图影响他人，例如激起对方的罪恶感使其遂自己所愿等。

③例如大吼大叫、辱骂、批判、指责、轻蔑的言语、贬抑对方的人格、负气说离婚或以离婚为要挟、爆发肢体冲突等。

成熟的关系，也会有和好修复的机制。对孩子而言，这样的冲突形式是非常好的示范与学习，孩子会学到，某种清楚界线之内的冲突是被允许的，以及很重要的“如何画下那条界线”；也会学到，关系本身是具有韧性的，具备了承载情感与冲击的力道。此外，冲突也使得潜藏的问题有机会被看见与适时处理，孩子更能通过观摩学习到成熟的父母如何在关系中相互调整、持续前进。三是审视双方在此次争执、冲突落幕之后各自的感受为何，是觉得彼此更亲近了，更能敞开心来互动，彼此的需求与意愿在冲突与关系之中都是被尊重的，也都感受到双方对经营一段“爱”的关系的努力与持续调整，抑或相反。

然而，我更常看到也觉得担忧的，是爸爸妈妈们在关系里肆无忌惮地争执、冲突，深陷在自己的情绪风暴中，各式伤人的话语纷纷出笼，两个成人在那些时刻退化成两个未成熟、渴望爱且受伤的孩子，全然忘却身旁惊恐且脆弱的孩子，忘却身为父母的首要任务：顾全与保护你的孩子，特别是在这场强烈的婚姻风暴之中。

前离婚期对孩子的关照和帮助

为了方便说明，我将整个过程粗略地区分为“前离婚期”（处理外遇或讨论离婚）、“调适与复原时期”（恢复独身后的前几年）、

“新生活与新形式家庭的稳固期”，以及点缀其间的“不同阶段的成长挑战”（例如重组家庭、孩子入学、孩子步入青春期）。这几个时期并没有明确且一定的时间区分，每一个人与每一个家庭的复原和调整步调都是不一样的。有一些帮助与照护孩子的方式是贯穿整个发展历程的，然而也有一些是特定阶段所需要额外侧重的。

简单来说，必须结合孩子在不同发展阶段的任务与需要，以及每个孩子独特的天生气质而做出相应的调整。因此，毫无任何疑问地，你必须主动学习与获取一些有关孩童发展的历程（包括生理、心理、认知、情绪等层面）与教养的正确知识。同时对双亲离异的孩子可能面对的挑战与特定需求有初步的认识。

对孩子的“特别保护”，从发现与处理外遇的过程即开始了。外遇事件揭发之后，无论双方是决定修复彼此的婚姻，抑或结束关系，孩子的感受与状态始终都是你必须优先考虑的事物之一，至少是“并行考虑”。

由于这些问题，即便对成熟的成人们而言，都是棘手且深具情绪冲击的，我建议，不要在孩子面前谈论或商议这些关系上的重大事项。你可以事先将孩子安顿在其感到安全且愉快的地方，有你信赖的成人陪伴照顾，而你与伴侣则能够单独且专注地处理你们之间的问题。这其实也为你省了许多后续的麻烦，例如此时就算你要丢菜刀、飞砖头，你也只要处理自己的伤口就好了，不需要再额外处理孩子可能比你更严重的创痛与惊吓。

绝大多数情况下，只要有一个人坚持，这件事就能做到。保护孩子，在伴侣挑衅或激惹时，或者不予回应，必要时温和机智地挡在孩子面前，或者回避这个冲突，伺机将孩子带开，稍后再来应对与处理。

孩子们多半都有一种奇特的能力，即便表面上看来很专注地在做自己的事，玩玩具、画图、看卡通、打电动，实际上，你与伴侣冲突时的多数话语都进了他们的耳朵，某段交谈你越是压低声音不让他听见，他越是本能地竖起耳朵，从前言到后语一一接收。即便他不见得能够全然理解字面上的意思，但他确实能够敏感地体会到夹杂在话语当中的那些情绪与情感。他直觉且本能地明白一些事情，这种知晓可能令人惊异地准确，也可能因为它的“片面性”，信息的不全，造成孩子更大的恐惧与困扰。毕竟，未知的事物永远比已知的更可怕。

尽管刻意避开在孩子面前的冲突与协商，事后也需要有适合孩子年龄、性情，以及身心发展阶段的合理说明与解释；孩子有权利知道“这个家发生了什么事”，以及“后续可能变动与不变的一切”，因为这些都与他深切且持续地相关。他可能必须因此而离开熟悉的住处，道别学校的朋友，不再能每天看到爸爸或妈妈，生活质量与所享有的经济资源或许也有较大的冲击……因此，他确实有权得知这一切。而你与伴侣的说明，必须依据孩子的发展状态，原则上真诚但有所过滤挑选直至适合的程度，而非一五一十、不必要地巨细靡遗甚至掺杂了批判与评论的告知，后续我会更清楚地谈论这个部分。一个好的说明本身，就已开始协助孩子走上心理与情绪调整的历程了。

此外，你还需要处理孩子对整件外遇与离婚事件的感受及想法，在稳定了你自己的情绪与状态之后，分次且渐进式地进行。

对孩子伤害极大的做法

以下这些未经深思的做法，会对孩子造成极大且可能影响终身的伤害。在处理外遇与讨论关系修复或结束的过程中，你与伴侣（至少是关爱孩子至深的你）都需要能够对此保持警觉，尽最大的努力避免。

1. 要求子女作为夫妻的仲裁。

夫妻冲突的过程中，经常会陷入“谁对谁错”的争执当中，特别是在外遇冲击整个家庭的过程里。一位在早年外遇、10 年后则角色逆转的男士，就曾在半夜 12 点把已入睡的子女都叫醒，要他们来评评理，妈妈半夜了还在跟一个男人打电话，这种行为对不对。这是全然仅顾及自身利益与需要的行为，孩子成为“满足成人需要和自尊”的工具；孩子本身的需要及感受，则未被看到并且得到尊重。

2. 要求子女选边站。

例如吵架时对孩子说：“你说，你是要跟爸爸还是跟妈妈？”两人斗气的成分远比真切考虑孩子的意愿多。双亲需要明白的是，当孩子必得在双亲之间做选择时，那绝对是一件煎熬且痛苦的事，即便偏好明确，也仍充满复杂强烈的感受，以及许多对关系和未来生活的担忧。倘若双亲每逢大吵便反复询问，仅是平添对孩子的打击与伤害而已。孩子会觉得“根本没有人在乎我回答什么，没有人真正在乎我的感受和想法，他们其实只关心自己”，而无论回答、不回答、回答什么，都无法皆大欢喜。另外一种选边站，则是父或母一方刻意地与子女结盟，共同对抗被其指责为道德或行为有瑕疵的另一方。

3. 试图借由孩子挽回另一半。

孩子同样沦为“被利用”的工具，用来满足成人的需求。很遗憾的是，孩子通常会同情“表现出”（未必是真实的）弱势的那一方，以及较想维持婚姻的那一方。有些不够成熟的成人会操弄或利用孩子这样的状态与脆弱性，那将对孩子造成极大的伤害。这样的行为同时也暗示了成人欠佳的亲职功能，即不惜牺牲孩子的重大利益也要换得自身的利益。

4. 剥夺孩子适时、适度“知情”的权利。

双亲否认、隐瞒事实或撒谎，误以为是保护孩子，却让许多孩子因此生活在持续的焦躁与想象的恐惧之中。特别是当孩子已主动询问时，否认与撒谎绝对是最糟糕的做法。“爸爸妈妈很好，没什么事啦，你不用担心！”一方面，你将损及孩子对你的信赖，有一天他终究会发现事实并非如此。另一方面，在他惶惑且忐忑不安地向你寻求支持时（此时他需要了解这个家发生了什么事，需要你提供准确的信息，需要你以吻合现实的方式协助他平抚惶惑与不确定感），你却通过“否认”把他推开。第三方面，你错失了一个能够与他敞开心扉并好好对谈的宝贵机会，一个好好协助他调整的时机。此外，你可能也在无意中否定了孩子自身的观察与感知，你在告诉孩子，他的感觉与判断是不可信的、是错的，若类似的事件极多，你等于是在告诉孩子，他自己是不能相信的。

也有一些当事人，直到最后一刻迫不得已了，才向孩子“宣告”。于是孩子在猝不及防的状态下，必须突兀地斩断生活中的一切。结束婚姻本就会面临许多中断与失落，这种做法更使得孩子的生活中断，也增加失去没必要失去的事物的机会。

5. 剥夺孩子“表达感受、意见”与“做选择”的权利。

当你连清楚适龄的提前告知都无法提供给孩子时，很自然地，孩子也连带失去了你所能提供的表达感受与意见的空间和机会，以及在许多事物上做选择的权利。

记得吗？我们在第二章里曾提到，在创伤的复原当中，最重要的地基便是“安全感的建立”，由于创伤本质上是一种权利的被剥夺，因而修复的第一步便是将某程度的决定权与控制权还给受创者，重建基本的内外在安全感。结束婚姻本身不一定会造成孩子的创伤，然而若你在过程中忽略进而剥夺了许多孩子本应享有的权利与选择，那么，这些“你所没有做的事”将加剧孩子的创痛及适应上的困难。所以，关爱孩子的你，究竟该如何做呢？

对孩子极有帮助的事

以下提供了一些在决定与协议离婚的过程中，你与伴侣也许能够努力的方向。通过你们的关注，将更有效地协助孩子较为顺利且依旧感受到关爱地走过这段辛苦的历程。这些实际可执行的方向包括合宜的说明，情感的保证，归因的调整，情绪表达的空间，控制权的赋还（包含监护权、探视方式的尊重），控制短时间内生活变动的量，预留缓冲时间，以及协助孩子生活与情绪各方面的调整与适应等。一一说明如下。

1. 适龄、适时、适度的说明。

你需要依据孩子的年龄、心智发展程度、气质，甚至当时的情绪状态，温柔且清楚适度地告知。大原则之一是，你可以选择性揭露，但绝不对孩子撒谎。

孩子突然问起而你没有准备，也可以请孩子给你一些时间，你会再向他们说明。巨大的婚姻变动中，你可能是孩子唯一一个稳定安全的力量，唯一一个还“相信着”的人，不要轻忽这份稳固和信任对孩子的协助与意义。

大原则之二，是客观且温柔地陈述，不带批判与指责，也不做灾难化的描述(例如“我们家要垮了……”“你妈不要我们了！”“你爸做了一件无耻且愚蠢的事……”)；你也必须让孩子知道，他无须选择站在哪一边，不管你们的婚姻关系如何，你们永远都是他的爸爸和妈妈。情感与关系上，他永远都不需要放弃哪一方。

不同阶段会有不同需要说明的事物。在协商处理的过程中，你可以让孩子知道，爸爸与妈妈之间确实有一些问题，而你们正在尝试处理或努力解决。你可以告诉他，婚姻关系中原本就会有高潮有低谷，好的时候真的很美好，但糟糕的时候也很不好受。若能走过这段低潮，这个家将更紧密与坚定；然而若你与伴侣竭尽全力也未能解决困境，你们依旧会努力找出“多赢”的局面。倘若这是你的真实情形，那么让孩子知道，他是你们婚姻里最棒的那个部分。向他承诺，不管你与伴侣之间发生任何问题，都不会影响到你对他的爱与照顾，任何情况下你都爱着他，并尽力保护他。你可能无法保证伴侣的部分，那么就保证你自己的，关键是“说到就要做到”，你要说“你相信并且打算确实履行的话”， 不要画一堆大饼。假使你的真实情形并没有上述那般绝对或强烈，你也可以仅是单纯地表达，你爱他，虽然你不确定自己能不能办得到这一切，但是你会尝试。

决定离婚之后，则需要另外给孩子一个非常完整且适切的说明。如前所述，孩子有权利知道父母为何离婚，以及父母离婚之后的生活将会有什么样的转变。很多孩子其实并不了解双亲的挣扎、痛苦、无可奈何与离婚的真正理由，他们仅能在往后的多年里，不断地拼凑与猜测，这种“缺乏说明”往往也深刻影响了孩子日后的亲密关系与婚姻、自尊自信、对情感的信任等。

找一个彼此都能好好说话的充裕时间，每一个孩子都在场（后续则可另外找时间，再单独与每一个孩子聊聊）。即便仅有一位成人能够对孩子说明也是好的，因为实际状况经常是，另一方在当时不见得能够平心静气地合作说明。若孩子年纪够大，可以如此说：

> 爸爸和妈妈很难过，也很遗憾地跟你们说一件事。我们挣扎了很久，讨论了很久，也做了能够想得到的一些努力，包括好几个月的婚姻咨询。在这些思考和交谈后，我们两人共同决定，中止我们的婚姻。这是一个很煎熬、痛苦的决定，但我们认为，这可能会是对你们，也是对我们比较好的一个选择。

其实讲到这里，孩子们可能就会有一些情绪反应了，或者需要一点时间来理解这个消息，可能也会有悬宕在舌尖却问不出口的一些困惑。允许孩子表露情绪，伤心与愤怒都是被允许的，也允许孩子提出心中的疑问（不限定在这个时间，而是随时想到都可以前来问你）。

以父亲外遇的状态为例，可继续说明如下：

> 婚姻会结束，爸爸和妈妈两个人都有责任，这不是一个人的问题。虽然爸爸的外遇行为确实是一个重要原因，但我们在关系里都有一些不够成熟、不知如何相处与如何亲密的问题。决定结束婚姻，是因为对妈妈来说，婚姻里的情感忠诚是非常重要的，妈妈要的是一对一的关系，并且是彼此都能够真诚坦露脆弱、能够说实话的关系。而通过几次的经验发现，爸爸虽然努力过了，但他真的没有办法给予妈妈一对一的情感与诚实。他有他的难处与限制，这个部分是我没有办法强求的，我也无权强迫他改变，我只能尊重他这样的状态；而同时，我也必须尊重我自己对关系的期待与要求，重视我自己的感觉与原则，我能够接受的底线。因此，我们最后决定，彼此祝福，也放彼此自由。
>
> 结束这段婚姻，妈妈有很多的遗憾与舍不得。不过，我现在更心疼和担忧的是你们，我不知道你们听到这个决定是什么样的感觉。如果我是你们，我想我可能会有点吓坏了，一方面是担心我们离婚后的生活，另一方面又有很复杂的感觉，例如生气于爸爸妈妈要让这个家分开，难过于事情必须如何等。我能知道你们的感受吗？你们是怎么想的呢？……

将焦点从你与伴侣转移到孩子身上，这种焦点的转移可能会来来回回发生好几次，一方面让孩子明了成人的情况与想法，另一方面则倾听并了解孩子对你所说的话语的感受及看法。这个过程的重点是，让孩子有理解与消化事实、感受自己的感受、安全表达情绪、想法与各种困惑的时间，同时在如此痛苦彷徨的时刻，能够享有你全然的关注与陪伴。

后续，你则需要将焦点转移到接续的生活变动与规划上。

> 离婚后，我们的生活会有一些比较大的变动。我想跟你们一起讨论与构思，这个变动和“我们”之后的计划。我希望能够听听你们的看法，一起来决定之后的生活要怎么过，哪些事情要先做，哪些事情慢一点，或者是你们比较偏好什么样的选择。我目前想到的几件事情是这样的……

你必须稍微整理可能有的变动和必须做的决定，有关孩子的住所、学校、朋友、原有的活动与课程、探视的频率与方式等，提出来跟孩子商量，并且允许你的构想有所修正、调整，纳入孩子的意见与意愿，提供给孩子合理的选择与决定空间。

如果孩子年纪不大，则可以简单地说：

> 爸爸和妈妈后来才发现，我们想要过的生活是很不一样的，对许多重要事情的想法也都很不一样。我们觉得，不住在一起，反而会比较快乐，也能够把你照顾得比较好。我们两个相处得比较好，也就有比较多的心力陪你。

若离婚当时，孩子还很小，则你需要随着孩子年龄的增长而“主动”增加适龄、适度的说明，这是随着孩子的成长与生活经验开展的，同样并无一体适用的答案，要注意观察孩子的生活出现了什么，他的感受与疑惑为何。

我以我遇见的状况和当时的回应做说明（你绝对可以找到更好的也适合你的回应）。

跟着孩子的状态走——离婚后我这么做

我与前夫在孩子未满 1 岁半时决定结束婚姻。由于主要照顾者是我，前夫工作忙碌，孩子平常能见到爸爸的时间本就不多，因而对 1 岁的孩子，我仅是简单地告知：“宝贝，我们要搬新家啦！玩具和书也要一起搬家！爸爸不会搬，还是住在这里，在这里可以找到他。我们的新家一样有很多的爱，还有对宝贝的欢迎哟。”（对 1 岁孩子的适龄说明）

因为“搬家”的变动，在孩子的其他生活方面，我便刻意维持稳定不变（控制短时间生活变动的量），于是孩子的生活节奏与日常活动大致如前。

我非常幸运，拥有很好的家庭托儿所，悉心照料孩子也全力支持我的决定。家庭托儿所提供了保护(例如只有我去，才能带走孩子)，规律的生活方式，营养丰盛的食物，洁净的环境，轻松愉快的情绪氛围，质量良好的依附关系，以及相处融洽的同龄玩伴。离婚前两年，我大幅调整了工作形式与分量，下班便去接孩子，尽力维持同样全心全意、以孩子为主的照料。也就是说，在婚姻中我会怎么照顾他，在婚姻之外，我也同样以那样的程度与细致去照料；物质生活水平或许稍降，但情感、关注、陪伴、一起快乐玩耍嬉闹互动的部分，则大致相同，过渡时期甚至是更多的。生活不很规律的我，在刚离婚那两年，九点多便与孩子一起上床睡觉，尽力维持“我们家”作息的规律与可预测性。

孩子3岁多时，开始意识到家里成员与玩伴家成员的不同。某日我去接他时，他向我要手机，找出一张照片，然后转身跟比他大半岁的玩伴介绍：“这是我爸爸。”小女生露出了“哦，原来你有爸爸”的表情。显然两个小家伙事先交流了什么。小女生转头问我，为什么都没有见过××的爸爸呢？这是一个“不同”，不仅这个女孩，家庭托儿所前后来的孩子，也多是双亲共同或偶尔轮流接送。孩子会有这样的疑惑是很自然的。

对着小女生，算是旁人，我只是温和地说，我比 ×× 爸爸早下班很多，所以都是我来接，我很希望可以早点看到 ××，把 ×× 抱回家。十足十真话。回去的时候，我也主动跟孩子说明，并用很简单的语言让孩子开始认识“多元家庭形态”，“家”可以有不同的组成和不同的运作模式，很多种都很好。我以“谁来接送”“和谁一起住”来对孩子说明：“每个人的家可能都有一些不一样，家有很多种样子，就像每个人长得都不大一样那样。举个例子，不是所有的小朋友都和爸爸妈妈一起住，有些小朋友呢，是跟妈妈一起；有些呢，跟爸爸一起；还有些小朋友，是跟爷爷奶奶住在一块儿。原因有很多，可能是爸爸妈妈工作的关系啦，或者其他原因，像爷爷奶奶能够陪着小朋友的时间比较多等。有些小朋友是和阿姨或叔叔一起住的，或者是跟原来不认识但是很关心他们的人一起住的。不管跟谁住在一起，只要是能够好好地照顾小朋友、很爱小朋友，而小朋友也喜欢的，都是好的安排。”把焦点拉回 3 岁小朋友身上，并提供情感保证。“像宝贝呢，就是我们大家的心肝宝贝，不管是妈妈、爸爸、爷爷、奶奶……都很爱你。感谢老天爷让我们这么幸福，可以跟你在一起。”（对 3 岁孩子的适龄说明）

不要太意外，你在孩子三四岁以前说的话，未来可能还要重复数次。这是由于孩子在“语言前期”时，记忆多以“非语言形式”储存，随着孩子语言的发展和大幅侧重，这些内容不见得能够被孩子提取、记得。因而前述的话语，说话当时的语调、情感、安定平稳的感觉，其实比内容更有影响，能够给孩子传递一种安心笃定的感觉。

4 岁时，孩子进入幼儿园。可预期的是，多元家庭尽管已有 1/3 以上的比例，在学校教育中仍未获同等的侧重。记得有一次闲聊时，我心血来潮问他：“你有没有觉得很奇怪，为什么妈妈跟爸爸没有住在一起呢？”没想到这个小娃儿居然垂下了眼帘（这是个很不寻常的动作），并且认真用力地点了点头。于是我除了重新提起“多元家庭的说明”，这次再加了一点：“爸爸和妈妈在很多事情的想法上很不一样，所以我们觉得分开住会更开心，我也可以有比较多的时间陪你，爸爸在放假时也更能好好地带你出去玩（实情）。”（对 4 岁小孩的适龄说明）

5 岁时，我这么解释：“我们因为一些原因分开了，跟小宝贝没有关系，这是我们两个大人之间的事情。妈妈觉得，不跟爸爸一起住，我比较能够把你还有我自己照顾好（实情）。”并且开始让孩子知道，妈妈好也很重要。“虽然没有住在一起，但是你随时想打电话给爸爸，或者想跟他一起出去玩，都是可以的，妈妈会帮你联系爸爸，跟爸爸约好。”让孩子了解，他与爸爸的关系不会因为不住在一起而中断，随时可以联系、见面、出游。5 岁的孩子通常会追问很多，最后我仅简单地说：“发生很多事情……等你比较大了，妈妈会告诉你。”

跟着孩子的状态走，若你愿意深入地参与孩子的成长与生活，你自然会看到孩子的需要，进而适时提供帮助。

2. 情感的保证与一致的行动。

这段时间及往后的许多时刻，孩子都会格外需要你情感上的保证，“言语的表达”和“行为的一致”同样重要。不要以为孩子自然而然或理所当然地就会知道你对他们的情感，他们也会有所疑惧。在如此脆弱不安的时刻，许多以往深信的事物，例如永恒不变的家、爸爸妈妈曾有的恩爱与婚姻，都一一瓦解了，孩子急需确认，有些事物是不变的，特别是来自双亲的爱、情感、呵护与照顾。

除了言语的表达，行为也需要一致。倘若每次你与他吵架，或他不服管教时，便叫他回去跟另一个伴侣住，他如何相信你爱他、无论怎样都不会遗弃或放弃他？或是每次你与伴侣争执，而后就头也不回地冲了出去，隔天才回家，不管孩子吃饭了没、睡觉了没、隔日还要上学，或当下的感受为何，他要如何相信你的保证，相信你能够在他需要你时及时提供照顾与呵护？一位勇敢却又心力交瘁的单亲妈妈在与 4 岁的孩子互动时，经常出现“你不要妈妈了？那妈妈要走了哟！”之类的对话，“谁不要谁”“谁要走了”成为母子两人的日常话题，我很心疼地看到，这个孩子极度欠缺安全感，只要一不见母亲的身影便惊慌失措，母亲回来后也会出现扑前搥打母亲的愤怒行为。这是一种依附关系上的不安全。

那理应是一种关系中的坚实背景，即分离或遗弃的话语及念头从来不会出现在你们的对谈或选择里。你绝对不会放弃他、丢掉他，就算你们有再大的冲突都一样。孩子永远可以对你生气、对你表达伤心，可以反抗你，而你们的关系能够承接与包容这一切。但现实中，我却看到许多孩子的生活中蔓延着害怕被成人遗弃的恐惧。若此，则你更需要通过主动的情感保证，通过你的话语和行为让孩子明白，无论发生什么事，你都会与他在一起，不会丢下他。这在你们家，从来就不是一个选项。

3. 归因的调整。

越年幼的孩子，越容易将父母婚姻的破裂归咎于自己的错误或自己不够好，因此，有时候明白告诉孩子，责任的归属在于两个成人，与他一点关系也没有，是必要且重要的，尽管不一定足够。有些孩子会主动担起许多其实并非他们该担当的责任，例如“维持离婚后父母双方的和谐”“期待与协助双亲和好”。双亲需要能够敏锐意识到这些，从而协助孩子卸下这些远不属于他的重担。

4. 情绪表达的空间。

在处理有关外遇或离婚相关的一切讨论时，成人当然必须在孩子面前克制并调节自己的愤怒、痛苦等感受，并选择其他时刻真正去处理，而非压抑或转移，然而，孩子则需要拥有这个能够充分表达其愤怒、悲伤、疑惑与恐惧等“情绪空间”。给予时间和空间，允许孩子对你和伴侣愤怒、伤心。你需要能够以具备足够敏感度与同理的方式，持续调整你接收孩子情绪的频道与修正你反应的方式，以协助孩子调整情绪。（对许多成长过程中未曾被同样对待的父母来说，“情绪的调整”非常困难，请你务必为你自己与孩子寻求帮助。）

5. **自主权的赋还**。

这是孩子的复原当中非常关键的一个部分。让孩子对于监护权的归属、探视相关事务与其他生活变动，有表达意见与在合宜范畴内做选择的权利。随着年纪与身心发展的成熟，这个选择的范围亦会随之扩充。

（1）监护权的归属。

除了考虑“孩子的最佳利益”，孩子比较希望能够跟谁一起生活、被谁主责照顾，也是很重要的问题，特别是年纪较大的孩子。是否能够恳切地与孩子坐下来好好谈一谈，双亲如何安排，才较能符合孩子的最大利益与意愿。我很讶异的是，一定比例的父母居然不问孩子。即便你有一些对于孩子跟谁可能会得到较周全照顾的判断与想法，而这也可能是相当符合现实的，但仍请你先恳切地征询孩子的同意，并且与他分享你认为他与你一起或与对方一起较能获得良好照顾的理由，与他一起敞开心来讨论，同时也允许你原有的想法被他修正与调整。

“共同监护”是一种新兴的监护方式，意图让父母双方能够均等地参与孩子的教养与生活，但我对此一直有些疑虑。我认为，比起分担在两个不一定能够彼此良好合作的成人身上，加上所谓“社会责任分散理论”，孩子不一定比拥有一个主要照顾的成人更能感受到安全和享用原有资源。特别是在“高冲突”或“一方具备不当教养”的关系里（法律上对此的认定经常是不足的），共同监护可能反倒造成某些伤害、利益的受损，甚至抵消另一方合宜的教养原本能够发挥的功效。

“共同监护”的执行也未必都能够符合孩子的最大利益。实务层面上，通常不会有固定单一住所，双亲轮流居住于此，为迁就孩子而重新安排工作与生活，更常见的状况是，孩子必须在两个家之间往来奔波，而在两边的生活节奏、活动安排、课外学习、交友等，都会被反复地打断，每隔数天或一两周就得转换阵地，再快速适应，最终没有任何一边的生活能够完整且不缺席地参与，也因而影响到孩子与他人建立友谊、参与课后球队或其他领域的训练，在其他孩子能够放松的晚间时光或难得的假期，却要收拾行囊奔波到另一方的住所……为的是父母双方的均等权利与配置，能够等量参与孩子生活。而孩子的需要呢？真正愿意携手合作的双亲，有无可能超越这种“表面形态”的公平呢？

对多数孩子而言，尽管“我有两个家”已较“没有一个是我的家”进步许多，然而，或许在某段时间基本上先以一个家为主，更能有利于安全感的凝聚，同时稳定孩子的身心发展、人际与学习。

（2）探视时间、频率、活动内容。

让孩子能够参与探视相关事务的决定。特别是随着年纪的增长，孩子对于探视的安排需要有越来越多的自主权。例如能够和未同住的父或母商量，依据孩子该段时间的学习、活动、交友、假期规划等状态，弹性调整探视的日期、时间、频率，并轮流进行亲子双方想要的活动等。

对于年纪小的孩子，初期则尽量使探视的约定是规律稳定且可预期的。孩子在稳定如期的探视当中，能够获得一定程度的安全感；同时，此种规律具有一定间隔的安排，较能提供离异的双方重整自己生活的余裕与空间，各自处理情绪与未尽事宜，甚至疗伤。

待双方都更能心平气和地面对彼此和交谈互动时，再渐渐地增加探视的频率。两个成人父母的接替中，尽量不要让孩子必须“单独”甚至长途奔波至另一方父或母的居所，这个过程最好由双亲轮流接或送，使孩子从一个成人父母的陪伴与照护下，“慎重地托付”给另一位成人父母。这个过程中，双亲也能够简短交换一些有关孩子的信息（后续会提到的“父母的对话”。自然，有些信息必须避开孩子，另找机会传递或讨论）。沃勒斯坦对离婚之子长达20年的追踪研究中，亦提及许多离婚之子于探视过程中必须独自奔波两处的孤单，例如学龄孩子必须每周自行搭乘汽车或其他交通工具至另一方父母的居所。法院所规定的探视是一次定终身的，2岁到18岁是一样的，未能依据孩子的成长、生活安排、亲子关系转变而适时调整，同时没有孩子发言的空间，导致孩子生活与交友的中断，使其心生对法院所规定的强制性僵化探视的愤怒。凡此基本上都在满足成人的想象和需求，而非孩子真实成长的需要。

请你规划“以孩子为中心”的探视安排，而非以“双亲的便利性及需要”为主轴的安排。我指的当然不是另外一种极端，即只考虑到孩子而不实际纳入成人的状态与限制；这是一种一定程度的侧重，倾向于以孩子为中心，先思考如何满足孩子，再考虑如何满足父母双方，或者是孩子、父、母的轮流满足。

中国传统农历年的“围炉”（在西方可能是圣诞节等重大团聚节日），就经常是一个棘手的课题。有些孩子可能需要“赶场”，当中有两边家族的角力与较劲，孩了到底姓啥？要在哪边过年？这些成人需要学习放下“自己”，必要时，“你”，亲爱的爸爸或妈妈，必须站出来挡在孩子与其他成人长辈之前，回到如何让孩子有个快乐、温馨，确实能享受与亲人聚首的假期好吗？几年轮流一次，不失为一种可行的做法。甚至以孩子的意愿和其与两方亲戚关系的亲疏远近为考虑点。

有些决定真的很困难。每一次当我产生疑虑，不确定如何做比较好时，我就会先停下来，允许自己静心思考一段时间。我会回到“这段时间孩子最需要的是什么？而什么样的方式才能满足这个需要，同时也是有利于孩子身心发展的？”“孩子的意愿是什么？”“我能够做的与目前不能够做的，分别是什么？（也尊重自己的限制）”等层面思考。

年纪越长，孩子越会有自己的时间规划与假期安排，因而，探视需要为孩子预留这些空间。让孩子拥有对探视的发言权与一定程度的控制，其实反倒更能促使孩子对这段亲子时光的主动投入与享受。而未能尊重孩子意愿与状态、高压强制进行的亲子相处，非但无益于关系的亲近，反倒经常有所损伤。此外，未同住的父或母，是否在家里为孩子保留了独属于他的卧室或空间，并且孩子能够安心地将物品放置在那里，不会有未经他同意而被翻阅、取用的情形？是否即便定期打扫也先经过他的同意，并有可置放私密物的设置？当探视时间到来时，你是否能够腾出百分之百的注意力与孩子相处；或者依旧回到工作、电视、报纸、杂志、手机里，仅是多一个“把孩子摆在旁边”的动作？你是否能够与孩子共同从事一些孩子感兴趣的事情（你知道那是什么吗？），而不都是你感兴趣的？不要用其他一些东西来取代爱，例如物质享受与过多的馈赠（名牌衣物、玩具、礼物），纵容（为讨好孩子而未能制定或贯彻合理的要求），以及降低标准（为竞争孩子的爱而暗中打破另一半对孩子有益的规定等）。真正的爱是赋予足够的关注与陪伴，能够倾听孩子，适度尊重，合理要求并温和坚定地执行。真正的爱，是愿意与另一方一起合作，携手调整对孩子最有益的安排与教养。

（3）其他生活变动。

在适宜的范围内，还给孩子对后续生活其他方面的自主权及决定权，例如是否要转学或者维持就读直至毕业。而同住的一方可能就要做出某些调整，诸如提早半小时起床，以便协助孩子维持原校就读。同样，让孩了自主决定是否保留并持续参与原有的课外活动等。

6. 控制短时间内生活变动的量。

频繁地搬家、转学、换工作，都是徒增适应上的挑战及困难。以上这些都属于较大的生活变动，你与孩子都需要一定时间来适应，也将耗费一定程度的心神与精力。例如搬家，除了旧家东西的收拾

倘若这朵玫瑰在赠送给这个人的过程中，
变得奄奄一息、憔悴委顿，
甚至逐渐死亡，

你要好好问自己，
为什么我还要把玫瑰送给这个人？

打理，也包括情感上的割舍及道别；而迁移至新住所后，将所有物品安置归位、布置新居、熟悉陌生格局、习惯睡觉的床铺与做功课的桌子、认识周边环境与商家、确认交通方式、与新的邻居建立关系、更新地址电话、公告友人……这些新增加的“要求”自然加重了情绪负荷与可能的挫折。请你尽力让自己与孩子生活中的变动，不要挤在同一时间发生。例如既然得搬家，可以的话就暂时先别转学、换工作。事情一件一件地来。

7. 预留缓冲时间。

及早告知孩子你与伴侣的计划与时程，使其有时间预做准备与调整。例如搬家、转学，某些课程或活动的中止。最好能在计划的当时便包括协助孩子准备与调整的时间。特别是天生对环境刺激变动较为敏感的孩子、需较长时间适应陌生事物的孩子、罹患特殊生理疾病而格外需要照料的孩子等，渐进式的安排绝对是必要的，也常常是其最终能否适应的关键。

8. 协助孩子生活与情绪各方面的调整与适应。

孩子确实具备一定的复原力与韧性，只要成人与环境并非是持续伤害的来源，或成人能够辨识出来并移除阻碍其复原的事物。此外，成人也可以提供某些促进复原历程的实际协助。例如，在分离的时刻与新环境的转换上，主动协助孩子“道别”，继而再与新的环境建立情感连接。

做法有许多种。例如搬家的时候，刻意在最后预留半天或一天时间，举行一个“离别仪式”，与孩子一起走到每一个房间里，置身里面回忆这个房间里发生的事，无论是快乐的、悲伤的、孤单的、愤怒的，彼此分享这些记忆与情感，允许埋藏的情绪被诱发、自然流动与释放，最后则给予这个房间感谢与祝福。尽管这个过程看似会激发许多原本不会产生（但确实存在）的强烈情感，然而通过这个仪式，允许孩子有机会觉察并碰触自己的情绪，在不刻意回避也不试图留住情绪的状态下，其实是相当有助于后续的释怀与放下的，同时也在孩子心理与情感上清出空间，容许新的事物与情感进驻。

再如，转学至新学校的前几天，可以先带孩子到校园里逛一逛，让孩子在你的陪伴之下，初步认识与探索这个新环境。当孩子第一天来上学时，他会带着与你共游、共同摸索的温暖记忆和相伴而来的安全感，从而顺利地安顿下来。

调整与复原时期对孩子的关照和协助

有研究指出，离婚后的前两年，对于建立“正向的亲职模式”而言，是极为重要且关键的阶段（Thompson & Laible，1999）。若能一步一步平稳地前进，则能为往后数年的生活与亲子关系奠定稳定的根基。然而有时双亲在这个阶段遭遇到的许多额外的困难，却是长期在婚姻里的亲子关系当中累积下来的。例如孩子已不大跟你说话，不服管教，被另一半洗脑而认为你说的话都是错的、你是比较低等的物种等[4]。这些困境，根本上与离婚的问题无关，仅是原有的婚姻问题与亲子关系问题延伸到婚姻结束后的状态而已。当时未能妥善处理的，在危机发生时，再度成为焦点，让你有机会学习将它完成。

④对于最后这种情形，倘若你选择停留在这样的婚姻中20年，并且未能采取有效且必要的处理时，你如何能够期待事情有所不同？此刻你所面临的“果”，都是你先前所栽种下来的“因”，例如你在婚姻里被对待的方式、孩子与你的关系。若你真想要有所不同，就得从这一刻开始，学习去种下不同的“因”。你若仍沿用过去的方式，那也仅是持续种下同样的“因”而已。

尽快回归安定规律的生活

养育一个孩子从孕期到独立成人的过程中，会有许多时刻，成人的需求和孩子的需求互相冲突，因此成人多半得有所舍取与调整，特别在孩子生命最初几年。既然“选择”了成为一个父亲或母亲，那么你便需要在不同时期内不同程度地按捺住自己的特定需求、享乐、愿景、使命与事业的追求，放缓速度。“鱼与熊掌”是可以兼得的，只是需要你将时间拉长而已。例如若你独身，某个事业目标1年便可达成；有了孩子后，若孩子仍年幼，试试看给自己9年时间；孩子若稍长，也许3年，你会发现其实你同样能够完成原定的事业目标，同时又保有了与孩子的亲密和良好关系。

也会有某些时刻，孩子与成人的需求是一致的。结束婚姻后，就有一个独身的父母和孩子都能受益良多的做法，即“尽快回归安定规律的生活”。

作息的规律安排、可预期的活动，有助于刚刚恢复独身的父母及孩子从过渡时期的混乱较快回归到井然有序、平稳安定的状态。这对成人与孩子情绪的稳定和安全感的重建有极大的帮助。基本上，孩子虽能从随性或突发的活动中获得乐趣与振奋，但远不及规律和可预期的生活安排对孩子发展的帮助来得大。前者因而偶一为之即可。

我得承认，维持规律的生活作息对我来说是困难的，但始终是我努力不辍的目标。在选择照顾孩子的人选与就读的幼儿园时，我也会刻意将此部分列入考虑。借由挑选协助人选与外界的架构，补充我的不足，尽量给予孩子较好的稳定性与生活结构。

对孩子伤害极大的做法

以下同样是可能对孩子的发展造成伤害的数种做法。已离异的双亲却不见得意识到这些伤害的严重性与这些行为本质上对孩子的“剥夺”。

1. 要求子女扮演离异夫妻之间的“桥梁”。

成人彼此拒绝沟通，转而要求孩子在中间传话，“你去跟你爸爸说……”“跟你妈要……”；有时自己做了违背约定的事，蓄意把孩子推出来做挡箭牌。这些对孩子来说无疑都是额外的压力及负担。即便婚姻结束，“与伴侣对话协商”依旧是你的职责，请你将这个职责重新放回自己身上。

2. 利用子女从对方那里获取实质的利益。

诸如，要求孩子向另一方开口要钱。对许多孩子而言这是极不好受的经历，即便要钱的对象是自己的爸爸妈妈。为孩子“谋求并预备”足够的生活花费和教育费用，本就是父母的职责。而若是孩子本就该享有的权益，例如与另一半共同分担的抚养费用，对方却未能定期给付，请你勇敢地挺身为孩子争取，以平和、坚定、具备你的智慧的方式。倘若对方真的无意愿给予或者无能力提供，那么，与其停留在苦苦等待或持续抗争之中，不如转而思考，如何靠自己为孩子赚取足够的费用。例如一边采取适宜的法律行动，一边开始学习增加你的收入。

3. 拉拢孩子，形成单方亲子联盟，试图挽回婚姻或惩罚不愿复合的另一方。

在暴力家庭里，特别容易观察到这样的现象。施暴者通过某些方式获取孩子同情与认同，并与孩子结盟，在婚姻结束后依旧得以持续地对另一方施暴，特别是语言上的。举例来说，对孩子灌输“我们家会搞成这样都是因为你母亲不肯复合（而非因为我的暴力或外遇不断）”“她很自私，只想到自己的快乐却不愿意为你们做点牺牲”等。孩子在此过程中受害极深。即便是受到伤害的那一方，我也并不鼓励形成单方的亲子联盟。若对方有可能伤及孩子，那么你要做的是把孩子护佑在你的羽翼之下，而非结盟。有这样渴求的成人，请你开始学习从其他的友伴及成人那里，寻求你需要的抚慰、保护与支持。

4. 通过孩子刺探“敌情”。

通过对孩子问东问西，或是提某些具有诱导性的问题，希望获得更多对方生活的细节与信息，例如新的恋情等。人自然都有一定的好奇心，但请你克制这样的冲动与好奇。或是，请你直接去问你的前伴侣。你的这些问题不是关心孩子，也并不出于对前伴侣的真诚关怀……而你认为孩子感受不到你的意图？我的意思并非在与孩子互动的过程里，不能稍稍问些满足自己的问题，只是那需要在一个适度的范围之内，而当孩子显出不愿意回答时，请尊重他。

5. 要求子女放弃或隐藏对另一方的情感或连接。

有时这些竞争是在台面下进行的。有些双亲尽管表面上开明，但当孩子显露出不特别想与另一方亲近，或和对方在一起不好玩时，会不自觉地透露出喜悦或者被抚慰。敏感的孩子很善于感知双亲这种潜意识里的期盼，更有些孩子本能地通过这种方式，“讨好”并巩固与特定一方的关系。

6. 未得到监护权的一方，从孩子的生活里彻底消失。

我不知道这些父或母是如何被自己的痛苦，或与自身利益的冲突击败的，但这种彻底消失的方式，绝大多数的时候不可能“对孩子比较好”。

即便不成熟的另一方百般阻挠你与孩子靠近，你仍要让孩子知道你的爱，以及你永不放弃与他保持接触的努力。若你真心想要维持与孩子的联系与付出，你一定能够找到某些方法，让孩子有机会持续感受到你的关心与爱。很少有你完全无法做些什么的情境，在绝大多数的情况下至少都有那么一丁点儿是你可以做的。特别是当孩子年纪渐长，这种来自家庭过度且不当的钳制便会有越多的缝隙，得以让你的关怀浸润与进驻。

对孩子发展极端有害的两种教养方式

在此我要特别提出两种令我忧心的极端教养模式。这两种方式也许是短期内或表面上看来对孩子有益，实质上却极具伤害性，很明显是对孩子健康成长的一种剥夺。临床上接触太多由于过去这种成长模式而终生都在受苦的“长大的孩子们”。在此说明如下。

1. 亲子角色逆转。

孩子成为照顾者，成为你的好友、倾诉的对象，甚至可能是唯一的慰藉对象，或成为你寻求意见、商讨对策的同伴。想想看，你的某个孩子是否是你打理家务、照料更幼小弟妹的助手，是你无话不谈的知己，取代了你的配偶，成为你的心理咨询师，同时还可能是你的财务及爱情顾问？

这是一种被严重模糊了的“亲职界线”。母亲不再是母亲，或父亲不再是父亲，孩子成为这个家反转或替代的父或母，而真正的父母却变成孩子，饥渴地索求孩子的慰藉、服务与照顾。孩子被逼迫着跳过童年，快速长大。他没有办法享受与同年龄孩子一样的生活，被悉心呵护与照料，有充分的时间游戏、交朋友、读书，探索发展自我，烦恼这个年纪该烦恼的事，以他的步调与他的方式去认识这个世界。这样长大的孩子通常表现出一种“虚假的成熟”，其背后是一个“虚假的自我”，空的、没有太多真正被认识到的自我，他的自我价值仅仅来自于是否能够让他人满足，或者多大程度能够被使用、被需要，人我界线模糊。

亲子角色逆转的孩子，早年也许会得到许多因执行这样的角色而来的关注与称赞（通常也是最欠缺关注及安全感的孩子，容易主动去承担这个职务）；而这些未曾意识到自己剥夺了孩子什么的父或母，甚至还会很自豪于孩子的体贴与早熟。

然而，多半自青春期开始，这些孩子逐渐会显现某些特殊的困难与状况，除了忧郁、焦虑等情绪困扰，时常很容易陷入同样“界线模糊”的亲密关系里，复制同样过度照料对方的角色模式。可能因为想要及早逃离原生家庭，而跳进另一段同样不健康、问题重重的关系里；或者因为始终无法放手离家，而搁置了自己人生和亲密关系的如常发展。

当同年纪的人健康地穿越青春期的混乱与困惑，逐步地成熟、确立自己时，这些表面看似早熟的孩子，却可能就此停留在某状态中多年，浮浮沉沉。

亲爱的，当你发现这个情形后，你需要好好地去拓展你的人际支持，以及寻求其他的资源通道。学习设立并维持一条“健康的亲职界线”，“让孩子就是孩子”，享受他应该有的童真与童年，享受他应得的呵护与照顾。这无疑是你能为他做的最美好的事情之一。

附带一提，即便在婚姻关系存续的家庭里，特别是孩子即将进入青春期时，我也多次听到父母疑惑地问我：“到底我是要当孩子的爸妈，还是要当他的朋友呢？”问题的答案一直很明确：“无论任何时刻，当有必要时你都得选择先当孩子的爸妈。”替孩子制定规则、约束行为，做仅有爸妈能够协助孩子健康发展的那些事情。随着孩子年纪增长，执行亲职的方式会改变，基本上是越来越以平等、尊重、类朋友的方式进行，例如讨论、召开家庭会议、退居一旁支持而非主导等，但本质上仍是协助、引导孩子更加独立自主，而那便是双亲的职责与角色。

从另外一个层面来思考，孩子可以有无数个朋友，但却永远只有一对父母；即便是继父或继母，意义上也无法等同于生身父母。

因而，请别期望能够把“亲职外包”，由他人来代替你教养孩子、当孩子的爸妈。

2. 过度保护与过度照顾。

另外一种与“亲子角色逆转”截然相反的极端，是过度溺爱与保护孩子。这是非常令人难过与遗憾的，你的爱没有成为让孩子健康成长的土壤及养分，反倒可能成为毒素，阻碍他成熟自立。

我要特别提醒现代的父母,“滋养的爱”和“绊倒孩子的爱/溺爱”的不同。

大卫·里秋曾针对成人们健康成熟的爱情，提出一个很好的描述与区分，我觉得不仅适用于成人之爱，也适合用于理解何谓健康的亲子之爱（由于其所使用的某些语汇较易引起误解，因而我做了一定的修正及补充）：

滋养的爱	绊倒孩子的爱／溺爱
支持对方为自己做一些事：培养自我照顾的技巧	替对方包办一切：助长依赖心
赋予对方力量	深信对方无能为力，或使对方如此看待自己
寻求贡献一己之力的机会，随后放下	寻求在他人的生活中占有一席之地
帮助对方变得成熟干练	接管对方的责任，使对方无机会学习成长
教导对方将来派得上用场的技能	展现技能，一而再地这么做
顺应对方接受帮助的意愿	施加帮助，不管对方愿不愿意接受
考虑如何、何时施以协助时，依然保有个人界线（明智地做调整，兼顾自己与他人）	愿意为了满足对方的需求而背弃个人界线（拼命付出至严重失衡的程度）
真诚回应对方的需求	以满足自身的需求为最主要的考量
一种尊重	一种掌控

健康且滋养的亲子之爱，基本上蕴含着一种对孩子“个体性”的尊重。成人们必须有清楚适宜的“自我界线”与“亲职界线”，先尊重自己，继而才能尊重孩子。滋养的爱，同时是以协助孩子身心健康发展与迈向独立而努力的，父母们有时在前头引导，有时在一旁打气，有时则适度地隐身在幕后。回应与满足的，是孩子真正的需求，而非自身的需要与投射。

为了满足自身需求，例如觉得自己很有力量、不可或缺，具有重要性、被认同的需求，要孩子认同自己的价值观与判断；或做许多事时，不管孩子意愿如何、实际上需不需要，坚持强加。这类过度保护、溺爱、会绊倒孩子的爱，本质上是一种掌控。

你能给予孩子的极佳帮助

以下是这个阶段，你能够相当程度地帮助孩子调整并且促进其健康成长的几个方向，包括“维持一种无形的教养结构”“让孩子免于经济的忧虑”“帮助孩子重建安全感”“理解不同阶段/气质的孩子有不同的需求”“寻求心理咨询”“成为伙伴父母”“拿掉孩子‘忠诚’的负荷”“做前伴侣与孩子之间的桥梁”，以及“教育身边的亲戚成人”。

1. 维持一种“无形的教养结构”（以孩子为舞台的中心）。

如前所述，尽管有关后离婚家庭的量化与质性研究中，经常持有特定立场，然而部分结论或心得仍是有益且实用的。诸如朱莉亚·刘易斯（Julia M.Lewis）等人的描述：

> 在健全的家庭里，父母在孩子的成长过程中扮演的是幕后的角色，其功能是为孩子创造安全的环境和扶持的力量。孩子在小学、中学期间要做的就是读书、游戏、交朋友、长大。从孩子的观点来看，他占据舞台的中心，父母如同制作人，在舞台两侧确保表演顺利进行。他们当然要为演员打气、鼓掌，提供食物与衣服；孩子跌倒时，父母应适时跑出来扶他们一把，拂去灰尘，然后又立刻退出舞台。
>
> ……在家里他们会持续维持一种“父母的对话”，并且从孩子出生后就永不间断：××表现得如何？老师知道他有数学

天分吗？……父母的对话总是围绕着每天发生的事和家人的互动，通过日常对话和睡前聊天塑造孩子的成长环境，随着孩子的成长与变化而顺应其要求。但这样的对话在离婚后便戛然而止，父母作为孩子拉拉队的角色无形中削弱了。

即便是独力抚养孩子，这种无形的教养结构依旧能够被维系或建立起来。基本上便是清楚的“亲职界线”，让孩子就是孩子，享受并保有他的成长时光；孩子理所当然是家庭生活的关注、焦点，占据舞台的中心。

而与前伴侣若能逐渐形成伙伴父母的合作关系，则此种“父母的对话”依旧能够进行。即便前伴侣仅部分参与，然而与其他成人之间（姨舅姑伯叔、爷爷奶奶、老师、朋友），依旧能够适当进行此种“以孩子为中心”的“父母／成人的对话”。把这份独属的关注与成长空间还给孩子。

此外，双亲离异后孩子常见的共同经验，其实并非“失去父亲”。即便监护权归属于母亲而孩子依旧与母亲同住，但许多孩子感受到的仍是一种隐微无形实则深远巨大的失落——就某种形式上，失去了那一个在过往婚姻里“心无旁骛地关爱着自己、悉心照料所需一切的慈爱母亲”。

在婚姻中能够全心照料孩子的妈妈，变得眉头深锁、失去耐性，整日为工作与经济烦忧，或紧张易怒，或忧郁垂泪。这种母亲虽在身旁却已迥异的失落感受，是影响深远却难以被哀悼的。孩子通常也不认为自己还可以再要求什么。

这其实也就是上述“无形的教养结构”的崩坏。既焦虑又疲惫的母亲，需要能让自己先恢复平衡。

2. **让孩子免于经济的忧虑**。

此为双亲离异的孩子经常过度承担的负荷之一。许多孩子如此为家中的生计与经济担忧，父或母毫无遮掩地让孩子暴露在残酷的现实及压力之下，我并不认为这是恰当的。因为其实孩子的整体身心发展与资源，不见得能够好好地消化并适应这一切。

孩子需要有“免于经济忧虑”的保护，这无疑是成人双亲的职责。当然，你可以在某种程度上让孩子明白家中经济的限制与可以拥有的替代性选择，必要时也适度要求孩子的合作，诸如在你尚未下班的时间，孩子必须自行完成作业或学习自理某些适龄事务。而这些基本上都能以平静安定而非诱发孩子高度焦虑与不安定感的方式进行。

记得本章开头时我曾经提到的“家庭中的情绪氛围远比物质环境更重要”吗？倘若为了赚取金钱而让自己与整个家庭处在极糟的情绪气氛当中，你整体失去的，可能会比你得到的多得多。

吃得饱且营养、穿得干净温暖、有一处虽小却温馨而充满情感的居所，其实没有你想象中那么困难。好的教养也不一定都很花钱，精神的富足与提供给孩子的经验及刺激，只要“用心”，从很多层面都能获得。

找其他成人来商量你工作或财务上的困境。必要的时候，开始去拓展你的财务智慧与赚钱的能力，一步一步前进。

3. 协助孩子重建安全感。

离婚后前两年的一些“协助重点”，在此阶段依旧非常重要，只是侧重的方面因时程转换而有所不同。协助孩子重建安全感，相信自己依旧被爱，任何状况下都不会被遗弃，平抚因新生活而产生的焦虑，一直是一个非常重要的主题，因而尽管部分做法前述已提过，我仍将其简要汇整如下：

（1）让你与孩子尽快安顿下来，建立规律安定、可预期的生活节奏。

（2）在孩子感到安全与确定之前，至少一段时间，给予其比在婚姻之中更多的实际陪伴与关注。在此所谓的“陪伴”，指的是“优质亲子时光”，即并非你一边做自己的事，一边和孩子在一起。一面拖地、煮菜、看电视，一面和孩子聊天，那是很不一样的。你必须放下手边所有事务，全心全意地陪伴孩子，把百分之百的注意力放在与他的对话及互动上，专注细腻地看着他并有眼神交流。20分钟或1小时都好，效果远比一整天都和孩子在一起却各自做事来得强。孩子应该得到你“全部的注意力”，而非总是要从什么事情上“分得一点”。此外，与孩子共同从事的活动，不要总是你感兴趣的，多去做一些“孩子感兴趣的事”，并让自己从中也能得到乐趣。

（3）情感的持续传达。即便孩子成长的过程中，你已说过无数遍了，结束婚姻后的这段复原与调整时期，仍要请你“重复”对孩子传达。告诉他，很多事情，例如结束婚姻且独力抚养他，是“你的选择”，而你甘之如饴；告诉他，这段婚姻里最棒的礼物，就是他；平凡的时刻出其不意地停顿下来，全心拥抱他一下；偶尔专注地看着他，简单地说“我爱你”“我很享受我们在一起的时光”。当你时常表达你的情感且行动一致时，孩子可能会浮现的那些疑虑：爸妈会不会有天也不要我了？我是不是多余的？是“拖油瓶”或累赘？……自然消散无踪。

（4）随孩子年纪的增长，适时补充对结束婚姻的适当说明。对3岁孩子有益的理解，显然与6岁、9岁、12岁、18岁都大不相同。孩子提出问题时，不要回避，认真看待且真诚回应。当孩子心智足够成熟时，你需要有一个完整的说明，且这个说明是能够帮助孩子从不同的角度来理解这段婚姻与它的结束的，同时更有益于他与另外一个父或母的关系。这个“有益”，有时是帮助他理解另一方的限制和困难，有时则是让他意识到他需要学习与对方画出界线和自我保护。完整适当的说明也绝对有益于孩子自身的亲密关系。

（5）调整孩子对“单亲家庭”的扭曲观感。这得先由你自身做起，你如何看待单亲这个状态，会直接影响孩子。你若感到羞愧、失败、匮乏、不完整，这种感觉很自然地就会传递给他。孩子会同样视自己的家庭是破碎的、有问题的、比不上别人的。

（6）“以孩子为中心”的探视安排。没有那种1岁到18岁“一体适用”的探视模式，随着孩子的成长、与双亲和两方亲戚关系的转变、意愿的消长等，不断调整探视的安排。而当孩子足够大时，例如高中，让孩子知道他可以重新选择并决定要住在哪里，以及跟谁住。届时你可以主动提及，让孩子知道他可以提出“和另一方父或母一起生活”的要求。

（7）其他生活控制权的让渡。别误会成要让孩子变成家中的大王，决定一切。而是在那些你已先行评估、过滤，能够让孩子自行决定的事务当中，再挑出“适宜的选项”来让孩子选择。也就是在某事的诸多选择之中，如果仅有两种你认为是较适宜的，那么，就让孩子在这两个选项当中做决定，特别是年幼的孩子。随着孩子逐渐长大，多选题或可逐渐成为仅画出特定界线（例如不能违法、不能伤害到自己和他人等）的自由作答题。

除了安全感的建立，要养成孩子“自我肯定”的能力，父母也必须“将权力逐渐转移给孩子”，在许多事情上清楚地让孩子知道，“我怎么想并不很重要，重要的是你怎么想，你觉得如何”。随着孩子身心的成熟，并且能够对你“证明”他确实能够“自我负责”，承诺你的事项可以做到，渐进式地放权。

简而言之，便是从不同层面，通过不同方式建立孩子的“内外在安全感”，同时让你自己成为他能够信赖且感到安心的那个对象——无论周遭环境如何改变，至少一人始终如一。

4. 理解不同阶段 / 气质的孩子，有不同的需求。

教养侧重的重点与适合的方式基本上会随着孩子的年龄而不断调整，也会因孩子天生气质的不同而有相当大的差异。因而，你需要明了各个阶段孩子的“共同需求”与（你家宝贝的）“独特需求”，才能更为有效且贴合孩子，帮助他适应生活与情绪上各个方面的挑战。

本章里提到的许多“帮助重点”，其实也都有需要“与时俱进”的特点。对孩子的“适时”帮助，远不止一年、两年，而是贯穿在成长的整个历程里，交织在各式的问题当中，例如自我概念、情绪调整、人际关系、两性价值观、建立健康亲密关系的能力、职业的选择等。

5. **寻求心理咨询**。

倘若你实在已心力交瘁，或者不知该如何协助孩子调整情绪、疗愈伤痛、适应新的生活，除了本书所建议的这些事项与情绪空间的提供，或许也可考虑为自己或孩子寻求中短期的心理治疗与支持。选择家附近且足够专业的咨询服务，或考虑相关的免费 / 补助资源。

6. **成为伙伴父母**。

这需要双方有一定的意愿与默契，愿意为关爱与扶持孩子而放下嫌隙，共同努力。在实际行为层面上，可以通过共同出席或参与孩子生活中的某些活动，或者共同出游来努力。探视时间，通常是属于另一方的父或母单独与孩子的互动交流，除非他们可能在明显或细微的层面对孩子造成伤害，否则孩子仍能从这样的专属时光中获益。

随着失落与创伤的逐渐复原，你将能够与前伴侣更为平和且愉快地相处并合作教养孩子。这可能需要花费彼此两三年的时间，甚至更长。然而，当你能够与前伴侣气氛平和且愉快地共同出席孩子的许多活动，一起带孩子去看医生，结伴去看展览、表演，到郊外旅游……对孩子而言都是一份恩赐，意义重大，这也是前述“无形教养结构”的一部分。当你与前伴侣能够这么做时，你们在对孩子“以行动传递”一个重要的信息：成人的关系是成人之间的事，与爸爸妈妈和你的关系无关；你是被呵护与重视的，不管我们的关系如何，你都是我们的宝贝孩子。“言语”总需要“行动”的证明。

重要的是，愉快地做这些事情，享受这个时光。别让这样的时光又成为彼此剑拔弩张、冷战斗气的时刻，若此，便全然失去它的意义了。

7. 拿掉孩子“忠诚”的负荷。

我很意外地发现，即便孩子很小，也似乎没有人这样教过他或要求他，但他很自然地就会有与关系好的那一方父母站在同一边、同仇敌忾的心情与行为，并且可能对自己和另一边父母的靠近，感到不确定、不安，有些孩子甚至感到歉疚或罪恶。

若你意识到这点，主动帮他拿掉“我必须忠于一方”的负荷。使他明白，不管你是否在生前伴侣的气、两个成人该段时间的关系是否较为紧绷，这些都跟他无关。他仍然可以与前伴侣亲近，相处得很开心，亲他、抱他，全然不用顾虑你，这本就是他该享有的。而你即使正对前伴侣感到不满，但当他与对方玩得很尽兴时，让他知道你仍旧衷心为他感到高兴。

而若孩子仍选择与你靠近、在某些时刻支持你维护你，那么，也尊重他这样的决定。表达你的感谢，同时也记得必要时保护他与另一方父或母的关系。

8. 做对方与孩子之间的“桥梁”。

刘易斯·亚布隆斯基（Lewis Yablonsky）曾说：“母亲是父亲人格、性情、操守最主要的诠释者。孩子怎么看待父亲，主要取决于母亲对父亲的评语和看法。”即母亲是孩子心中父亲形象的基本过滤器，对父亲与孩子的关系有极大影响。反之亦然，父亲对母亲的评价与诠释，也可能相当大程度塑造并影响到孩子对母亲的观感与关系。

孩子要能超越这种成长时期不断被灌输的来自双亲对另一方的诠释与观点，需要许多额外的努力。特别当这些诠释是恶意的、不成熟的，经常伴随情绪宣泄的时候。

你需要“真诚”，基本上符合另一方的真实。但同一件事情，永远可以用不同的方式来描述。此外，你绝对需要过滤，仅挑选“对孩子（而非另一方）长远有益”的那些部分，有时也包括谨慎少量揭露较不被渴求的事实，以帮助孩子自我保护。“保护孩子”永远是第一考虑，“孩子与对方的关系”（对方在孩子心中的形象）则位居第二，仍是重要的。

每一个人一定都有他的优点，每一种特质也绝对都有正反两面。找到前伴侣“符合真实且正向”的那一面，为孩子建立这个形象。

9. **教育身边的成人亲戚**。

父母需要共同认识到这个可能，并适时采取行动。例如长辈或亲人在孩子面前，以不尊重且批判的方式提及另一方的父或母，或在孩子面前讲对方的坏话，这是需要被制止的。特别是年幼的孩子，经常无法消化这样的矛盾，或者还未能理解到观点可以是多角度的、人事物的非二元性等。更麻烦的是，这些私下的评论，通常没有机会能够提出来与孩子讨论。这些讲坏话的成人亲戚，也并非为了孩子的需要而说这些话（自然也未考虑到孩子的感受），多半只是着眼于自己的抒发或怨气一吐为快。

另外一种情形是，蓄意破坏另一方父或母对孩子的管教及要求，这在婚姻存续家庭中也经常发生。“你爸爸不在，没有看到没关系。”“你妈妈真是莫名其妙，小孩子吃冰棍有什么关系，你尽量吃，没吃够奶奶再买给你。”其实重点不在于这个规定的内容是否合理，或谁的想法比较对、比较聪明，重点在于，当其他成人这么做时，一方面破坏了“双亲执行亲权与要求的威严”，成人通过示范对双亲与其规定的“不尊重”，而教导孩子“不必尊重”；另一方面也传递给孩子一个信息：“你可以阳奉阴违”“约好的事不去遵循是没关系的”“只要没被看到，就没问题”。

我经常很疑惑，这些成人到底知不知道自己正在对孩子做什么？

在孩子十一二岁以前，若可能的话，双亲尽可能采取较为一致的教养规定。孩子进入青春期后，则可以让孩子明白，两边的某些规定是不一样的。理由何在？此时孩子多半已能够明白不同的人会有不同的观点与要求。而某一方的规定若不合理、需要修正，允许其被提出来讨论。在某些极特殊的状况下，某个长辈先行允许孩子暂时超越原规范，但稍后向定下规定的父或母说明这个情形，以及做此决定的理由（若能先行征求同意自然更好）。规定都是有弹性的，只是最好能够在“彼此尊重”的状态下执行与调整。

无法成为伙伴父母的情况

伙伴父母是彼此一个努力的方向，然而不是所有离异的双亲都适合，这种情况下，父母与子女也能够建立长期真诚合作的教养关系。以下这些情况便不适合成为伙伴父母。

一方可能对孩子造成极大的伤害

包括肢体暴力、精神虐待、忽视、极端不当的教养等。第四章提到的反社会人格、中重度的自恋型人格，以及药物、酒精、性、网络、赌博等各式成瘾者，都可能是极端危险且具伤害性的父母。

一方根本无意愿为孩子付出心力

若对方不愿意分担教养孩子的责任，你首先要做的最重要的事，其实是“保护孩子”。不一定是据理力争、试图教育或说服对方，尽管在必要时，你确实需要挺身而出为孩子争取他本来就该享有的经济照顾或其他资源，但这些都请你尽量在“确定孩子受到保护”的状态下进行。别让孩子无所遮掩地暴露在更多的攻击与直接伤害之下。

让孩子“适度”知道实情，有时是必要且重要的。以尽可能降低伤害和冲击的方式，让孩子适度（不需要是全部）明白另一方的真实，不带情绪与批判的中性陈述。例如：“我们大概已经半年没有收到爸爸那边给的抚养费了。”（你爸爸就是不负责任，说好的生活费呢？讲的话都像放屁一样！）“妈妈要先跟你取消这一次探视，刚才匆匆忙忙地在电话中来不及说是什么原因。”（你妈不来啦！

就知道没能持续几次，不知道自己要去哪里玩儿了，孩子都不顾！）通过你的智慧与爱，协助孩子更好地诠释这个事实，在极不佳的情势中，你依然可以很平静地告诉年纪较大的孩子，诸如：“你爸爸他可能还没有意识到，作为一个父亲有时必须要承担的某些事情。但是，他在放假时偶尔带你们出去玩这件事上做得很好。”“这个似乎就是他的限制，他能够给你们A，但目前尚无法给你们B。”“我想，他自己就是匮乏的。当你很匮乏的时候，是无法给予他人太多的。”“很多时候，他可能只能想到他自己，无法顾及别人。这是很遗憾的事情，因为他会错失许多人跟人之间互相给予和接受的那种交流和幸福。”“我想他尽力了。”“他有很多东西需要学习……我们每一个人都是。”

新伴侣与重组家庭

避免过快开启新的关系

结束婚姻后，立即开展另一段新的关系，未必是明智的决定。当你过快开启新恋情时，有很大成分仍是试图“逃到爱情里”，“用新的来取代旧的”，爱情总能使人忘记问题是什么，只可惜问题从来不曾真正地消失。

这就好比你原来已积欠银行一定数额的债务与利息（你的未尽事宜与问题），你不打算通过增加收入来偿还，反倒开办了另一张信用卡做代偿，短期内似乎所有债务问题全数解决了，然而一段时日过后，你会发现你不但要支付原有那笔债务和利息，还得开始支付这笔信用卡代偿更高昂的利息费用。新的恋情，很快也会开始出现问题，因为你进入关系时的状态与动机，便是受伤的、对爱饥渴的、自尊受挫的、带有极多“小我”的需求的，且多半是低意识的。

而原可用来稳定新生活、进行疗愈、照顾自己与孩子的时间和心力，你将其运用在新的恋情上，甚至可能是短暂的恋曲一段接着一段，很自然地你将疏忽对孩子与内在自我的照顾。

有意识地选择独身数年，也许会是对自己与孩子更具滋养性且稳健的方式。这几年的丰硕、珍贵、趣味与深刻，其实是快餐恋情难以比拟的。何时疗愈趋近完成，何时你与孩子的关系和生活重拾安定与快乐，何时开展并逐一完成你始终在回避的那些个人问题与此生使命……你学会了独处，学会了爱自己，学会做自己的情人……你已生活在爱中，无论有无伴侣，你与孩子都很快乐。而那时你会知道，你已准备完成。

离婚后有了新伴侣

受限于篇幅，以下我仅很简略地提及一些重点。离婚后有了新伴侣，特别是主责照顾孩子的这一方，当开始约会时，需要留心别让孩子受到你的约会行为及认识犹不深的各式男人或女人的影响。

而亲爱的，你也需要学会挑选适合你且真正能够尊重你的伴侣。

新的关系，至少可分成两个阶段。第一个阶段，是成人彼此认识与熟悉，经历了关系的三阶段转换，即从热恋、较长的冲突时期到最后的承诺期，热情平缓下来而彼此确定都还想更进一步共同生活的阶段。这段时间，孩子都仅是偶尔参与，是外围初步关系的建立而已（然而，若你的孩子不喜欢他，通常也会是一个需要留意的线索）。第二个阶段，才是较为正式的，将这段关系纳入你与孩子生活的一部分，协助孩子与对方、对方与孩子建立更好的具有滋养性的关系。让孩子明了，这个新伴侣绝对不是要（实际上也无法）取代生父／母的位置，或者替代生父／母来爱他、照顾他，这只是另一个关怀他的成人，从而建立一个合理而实际的期待与互动。

许多正在追求或热恋中的人，会特别地去讨好孩子，甚至腾出时间与其游玩相处，有意无意间给予孩子某些期盼，年幼的孩子更是容易与对方建立情感连接。然而未能走至承诺期的恋情充满变数。当交往一段时日，也许一年、两年，成人因故分手后，这个人从此在孩子的生活里消失了！在我的几位年少的当事人身上，更是连道别都没有，仿佛人间蒸发一般。于是这些孩子再一次地受伤并感觉又被丢弃了，生命中重大的失落一次又一次地叠加，有些孩子甚至感到对他人和自己的信赖荡然无存，不再相信自己能够持续被关爱，有人会愿意留在他身旁。与此同时，处于失恋伤痛中的父或母，有的全然未曾留意到孩子的失落，有的虽有所觉察却已无力处理。

此外，别让新的伴侣成为孩子的竞争者。孩子与你的关系是无可取代的，无论在什么样的阶段，都要留下足够的“你与孩子相处的单独时光”。用时间和行动来证明（而非礼物与零用钱），任何新加入的朋友都无法动摇，遑论取代你与孩子的关系，也不会减损他所能够独享的爱与陪伴。

请记得，你是孩子的主要管教者，这是不变的。避免让新伴侣取代你的教养位置。一方面，由于新伴侣与孩子的关系原就较不稳固且欠缺厚实的情感基础，若关系中的爱与滋养不够，同时在该成人尚未能获得孩子充分的尊重与忠诚之前，管教都是困难的，不宜过快开启。另一方面，若你退居其后，当你必须支持新伴侣的管教时，很容易让孩子觉得，你不再与他在一起了，你们两个联合起来对付他，这个家没有人了解与支持他。孩子会逐渐地往后退，与你日渐疏离，可能的话甚至早早离家，退出你与新伴侣幸福的联合阵营，这是很可惜的。成人之间的亲密幸福非但未能将孩子纳入，使其有机会浸润并学习到良好的两性互动，却推远、排拒了孩子。因而，始终由你来主责对孩子的教养，是对三方都较有利的。即便数年后孩子与新伴侣或继父／母的关系已逐渐培养起来，你仍是孩子所需遵守的规范的主要定夺者，继父／母的规定，永远是额外的次规定。

也请留意到，你在新伴侣与孩子之间，主动为其“搭建桥梁”的重要性。重组家庭中，生父／母这种“居中协调”的角色其实比一般婚姻存续家庭更为重要。你需要有独立的立场，而非总是依附在新伴侣之下，形成上述将孩子排除在外的同盟。你还需要传递双方需求，维系并促进双方的情感。当双方爆发冲突时，你不能退居一旁观望，而得积极挺身处理，多数时候先是挡在孩子身前（由于孩子通常会是相对弱小、适应资源不足的一方），或者先倾听了解孩子的感受、想法和需要，继而与相对成熟的伴侣协调、沟通。直到多年后，孩子与新伴侣深刻的情谊与信任逐渐建立起来后，才视情况放手，让其自行调解。

重组／再婚家庭的新挑战

这是更复杂的问题了。重组家庭并不如一般所想象的如此简单，只要继父／母与孩子处得好即可。其至少包含了四个要素：继父／母、你、孩子与生父／母，这四个环节当中若有一个出了问题，不很和谐，都将大幅影响到第二段婚姻的存续与质量。而我犹未提及，另一边的继母／父，以及同母异父、同父异母，或异父异母的那些兄弟姐妹。

新婚夫妻的利益经常与孩子的利益交相冲突，前者需要较多的隐私，以及满足成人玩乐与亲密共处的时间；后者在此时则格外害怕失去原本所拥有的，因而往往要求更多的关注与陪伴。故而“平衡”是重要的，如何公平地分配时间，永远留有“专属的孩子时光”，同时也有“专属的成人时光”，两者的界线是清楚的，且彼此尊重。此外，也需要保有家中每一个成员充分表达感受与意见的机会，以及确保每一位成员都被倾听、了解，并确实感受到对待的公平。

孩子另一边的生父或生母，对新家庭的影响亦是深远的。若其百般阻挠孩子与继父／母发展关系，甚至与其竞争孩子的情感，则这个孩子在接受新成员与适应新的家庭生活上，将会格外地冲突与困难。若生父／母较为成熟且能真诚为孩子考虑，也能明了“继父母永远无法取代孩子心目中生父／母的地位与情感”，无论其感情多好都一样，从而鼓励孩子好好与对方相处，培养情谊，则这样的孩子明显能较好地适应，同时有机会从数位真心关怀的成人当中获益良多。

所有这一切的关键：自我疗愈，成为完整的你

> 没有比未能活出自己的父母对孩子影响更大的。
>
> ——荣格

独立教养孩子，尝试与前伴侣形成良好的伙伴关系，建立幸福的新形式家庭，拥有和谐美满的新关系及重组家庭，这些都是有可能的。但需要在下列几个重要前提之下：

第一，彻底处理你对前伴侣的情感纠葛与关系中的未尽事宜，不让这些未解决的情绪蔓延到与孩子相关的决定上。第二，疗愈你内在的伤痛，特别是你与父母之间的关系与伤痕。你可以从关注你的情绪开始。第三，务实地去认识有关孩子的发展、天性气质、教养等相关知识。你不需要是完美的、不会犯错的父母，犯错很自然，只要你能够意识到这些错误，有意愿慢慢地修正调整即可。第四，从前离婚时期开始，留意本章所提及的几个方面，你便能够很好地

照顾且保护到你的孩子。第五，致力于成为“完整的你”，这是非常关键的。勇敢地去活出你自己，拥抱最低层的自我，接纳并爱自己本然的样貌，认出你内在的独特与完整，继而均衡地发展你的男性与女性特质。你与孩子至少是同等重要的，只有能够活出自己的父母，才能够放手给予孩子同样的爱与自由。

我再怎么强调这些前提的重要性与必要性都不为过，这是所有圆满新形式家庭的“必要条件”。

最后，亲爱的，有一个好消息要分享给你。通常你的孩子最需要从你身上得到的事物，最需要你支持他的那些部分，对你同样有极大的帮助，那也是你最需要为自己发展的能力与特质，是你此生“对自己”最欠缺的关注之一。例如你的孩子最需要你更有耐性，给予他充分的探索与嬉戏的空间，你内在的孩子也有不被你认识、不允许嬉戏的困扰与渴求；你的孩子需要你能更敏锐地觉察到他的情绪与状态，与他调频一致，你内在孩子的感受也经常被你忽略，不被听到，遑论靠近；又或者，你的孩子需要你清楚地制定规范与坚定执行，那也会是你内在的孩子最渴求于你的——在你的人际关系里设定界线，坚定执行。

你感到最有困难给予孩子的，往往正是最能滋养你自己的！这除了是你个人的课题，经常也恰恰就是你是否能够获得美好关系的关键。因而，学习去发展这些特质与能力，不仅仅是为了孩子，更是为了自己。